CARE

Good Care ,
Good Living

CARE

Good Care ,
Good Living

CARE

Good Care ,
Good Living

CARE 73

寶寶教母伍竹彥陪你練習當父母

從懷孕到0.2歲的57招實用心法

作者：伍竹彥
撰文：林慈敏
編輯：陳秀娟
封面設計：簡廷昇
封面攝影：24 Open Photo Studio 林永銘
內頁排版：邱方鈺
內文插畫：邱方鈺
出版者：大塊文化出版股份有限公司
105022台北市松山區南京東路四段25號11樓
www.locuspublishing.com
locus@locuspublishing.com
讀者服務專線：0800-006-689
電話：02-87123898
傳真：02-87123897
郵政劃撥帳號：18955675
戶名：大塊文化出版股份有限公司
法律顧問：董安丹律師、顧慕堯律師

總經銷：大和書報圖書股份有限公司
新北市新莊區五工五路2號
電話：02-89902588
傳真：02-22901658

初版一刷： 2023年10月
定價：480元
ISBN：978-626-7317-57-0

國家圖書館出版品預行編目（CIP）資料

寶寶教母伍竹彥陪你練習當父母：從懷孕到0.2歲的57招實用心法 / 伍竹彥作 .
-- 初版 . -- 臺北市 : 大塊文化出版股份有限公司 , 2023.10
272面 ;14.8*21公分 . -- （Care；73） ISBN 978-626-7317-57-0（平裝）
1.CST: 懷孕 2.CST: 胎教 3.CST: 分娩 4.CST: 育兒
429.12　　112011438

寶寶教母 陪你練習當父母

伍竹彥

從懷孕到0.2歲的57招實用心法

作者 ____ 伍竹彥

作者序

天才保母的愛兒育兒教典：月中產婦口中的魔法阿嬤，將二十餘年管理照護月中的育兒經驗分享給您

開始

我從事護理相關工作至今，已有四十四年了。前半生的二十餘年，以開刀房、產房、待產室為工作主軸，只在中間有一些時間不太一樣，是在加護病房。後半生至今的二十多年，完全從事月中產後母嬰、新生兒的照護工作，從護理長、督導，到運營產後機構的營運長……我一直在臨床跟寶寶在一起，並為新生兒的媽媽們，解惑疑難。

為最心愛的寶寶進修

完全進入母嬰照顧領域後，我便更努力地進修相關的知識，盡可能地搜集相關的書籍、課程、資訊……我都會去研讀與學習，並實際運用在臨床上。尤其

是政府開始重視、納管產後護理之家與月子中心後，開辦了許多的課程，對立案的機構進行許多的評鑑，我也就這樣一路跟進。包括：經過學習、考核，取得衛服部國健署「母乳哺育種子講師」的資格。此外，也因為我與寶寶的緊密接觸、恩典相處，從嬰兒身上獲得了更多的領悟與驚嘆。我還去上了「美國ACI國際心理諮商師」的課程，經過考了兩次，終於取得了證照，我學的也不多，完全都是為了能更瞭解寶寶們的心理，這一切都是為了增進我自身的能力與底氣。老實說：讀書考試合格是一回事，我真正的老師們，其實是每天與我緊密相處的新生寶寶們，寶寶們教會了我瞭解他們，也給了我使命：「請把我們教妳的，轉告我們的父母，與共同照顧我們的人……」所以我來了！幫我的新生寶寶老師們，說一說他們的心聲，雖然用文字難以表達這份心意於萬分之一，我還是勇敢的用這本書作為開始、邁出為寶寶們努力的第一步。

我：一個從小就立志做護士的人

說來有趣，在小學的時候，我就明確立志要成為一個護士了，原因跟我的「爸爸」有關。我的爸爸是職業軍人，生活拘謹甚至讓還是一個孩子的我覺得他嚴肅，平常他也安靜、不多話，加上我在上小學之前都是跟奶奶一起生活，因此跟爸爸一直很有距離感。從小印象最深刻的，就是爸爸的胃一直不好常常住院。小學四年級時，爸爸又因為胃的問題，在軍方醫院住院診療，長輩帶我到醫院去看爸爸，正好治療時間到了，護士便喊著：「伍○○，來打針！」就看著我敬畏的爸爸，乖乖的按照她的指示，一個翻身趴在床上，拉下褲子露出一邊臀部，就讓護士把針給扎了，當下讓我對這位護士是既驚訝又仰慕不已。太牛了！她居然能讓我敬仰的爸爸乖乖的聽話照做，而且是被打針吔！這也太了不起了！當時年幼的我，便決定長大後，一定也要當個護士。而這個志向我居然一生至今都沒有改變，真的做了一輩子的護理工作者，到如今已經四十幾個年頭了。

後來，我讀了護校，考試那一年，德育護專停辦一年沒招生，所以讀的是私校。首次進開刀房實習，看醫生開刀，我內心充滿新鮮感，湧動著興奮、好奇、雀躍極了，心裡覺得：「這太酷啦！」更酷的來了！跟我一起實習的同學，當下卻因為暈血，手術剛開始她就暈倒了，甚至後來她還放棄了讀護理。這會兒變成我太酷啦！怎麼我完全跟她是兩回事呢？而且我知道，自己愛上開刀房了。所以一畢業，我就成為了與開刀房工作緊密的護士。就這樣，我一路從小護士當到護理長，再到地區醫院的護理督導，工作的主力，都是在開刀房、產房與待產室。

之後，隨著生產率下降，促使產科醫療行業必須找新的出路，身為護理主管的我，為了幫醫院一起解決這個問題，便與院長研擬計劃。加上當時很多產後的媽媽在出院前都會詢問，「可否自費多住幾天？」「可否能在安頓孩子前先托嬰？」那麼我就想，不如試著把醫院空出的病房提供給媽媽，讓嬰兒由護士照顧，月子餐可以由家屬來準備，或交由與醫院合作的餐飲業者來提供呢？

當時，政府尚未訂立產後護理中心的相關規範，我們便用這種像是打「擦邊球」的方式，開始提供母嬰產後照顧的服務，由此衍生了當時不入流、非正規、非正式業務的月子中心，而台灣母嬰照顧月子這一行，就從這兒開始的。我也就完全經歷了，又是協助醫師待產、生產，又是照護坐月子的母嬰。月子中心也從醫院內的附屬，慢慢地政府開始為產後護理之家與月子中心，訂出設置的標準、並納入管理，我們也根據這些標準立案經營，步上了軌道。

回首過去，幾十年了！我從一本初心，真心實意地投入這份母嬰的工作，因此跟極多的媽媽們都成為了朋友，時至今日我們都保持著聯絡。早年我協助接生、護理過一位媽媽與女寶寶，如今那位寶寶長大了、當了媽媽，還是來找我諮詢、解惑坐月子與照顧寶寶的疑問呢！所以，我的ＬＩＮＥ群組中，將他們其中一位是標註「阿嬤」、另一位則是「女兒」，我與他們一家三代，都建立起了親密的連結，這也是我至今想起來就很開心，又津津樂道的故事之一。

書的源起

多年來，我要求自己不斷的學習，把我從老師、課程、書籍中學到的知識，實際運用在寶寶身上，並加以融會貫通、內化，甚至我還領悟到許多老師在上課、在書籍上沒說的道理與方法。除了實際的母嬰照顧工作之外，也開始受邀至各地演講、授課、擔任月子中心的教學、顧問、管理者。包括：臺灣、中國、香港、新加坡、馬來西亞……等，持續把我的所知所學傳遞出去。

雖然現在媽媽們要取得育兒知識的管道非常的多元，但是每個家庭因為各種的環境因素，育兒的難度可能也很大，工作、經濟……各種情況都影響了媽媽們對孩子的照顧。但是我仍希望透過這本書，把我多年累積的實證經驗與媽媽們分享，擔任起寶寶與媽媽之間溝通的橋梁，幫助媽媽們找回與寶寶的愛與連結。我相信，媽媽們在育兒上遭遇到的困難與煩惱，都只是因為不夠瞭解寶寶的狀態、心情、感受與需求，只要進一步瞭解了、做對了，我們要養育出情緒穩定、有靈性的寶寶，一點也不難。而在照養孩子的路上，這本書也會持續地陪伴著每個母嬰家庭，我們加油！在愛護、看顧寶寶的路上，您並不孤單。而且您將會發現，每個寶寶的知性、天賦……都超乎我們的想像。

所以，我就把這一路來的經歷、心得，我從新生嬰兒與母親們身上學到了好多的事情，回答的好多的疑問，以及經歷了這麼多新生命的奇蹟，（還有媽媽寶寶與我的神奇故事），整理成書了呢！這也讓我找到了自己此生的人生定位與使命——「擔任寶寶的代言人」。希望這本書可以讓父母、家庭多懂一些新生寶寶的事，能夠從寶寶的視角啟動與家庭之間愛的（Wi-Fi）交流與連結，讓新手爸媽們在照顧新生寶寶的過程中，可以更順暢、得心應手深刻而難忘。

※關於「月中」：書中提及的月中為產後護理之家。

目錄

第二部 生產：媽媽與寶寶最重要的一天

第三部 產後黃金七十二個小時

目錄

第四部 家有新生兒：新寶寶的居家育嬰好照顧

目錄

第一部

胎內養成計劃：讓一切從「愛」開始

讓一切從「愛」開始

當孕育胎寶寶在媽媽的肚子裡，就開始與母體產生了連結。靈性寶寶的養成其實在孕育的階段就要啟動，因為這時期是胎寶寶與媽媽最緊密相依的階段。從知道已經孕育了新生命，這期間是把握與胎寶寶互動的最佳、也是唯一的時機。在孕育寶寶的過程中，自然而然的建立孕期產婦外在的各種所處的環境因素、情緒刺激影響（包括：喜怒哀樂、恩怨情仇）、生活方式（例如：總是熬夜、日夜顛倒）等等。內在的各種身體健康素質，都是胎教的一部分。

對我來說，胎教其實可以是一件很簡單、溫馨、有情趣的事情，剛懷孕、或甚至是準備要懷孕的時候，就有了期待新生命的到來，以有愛的感受孕育新生命，就是很好的胎教了！大家都知道，我們活著離不開陽光、空氣、水。胎寶寶也是一樣的，他們的陽光是孕育胎寶寶的人給予的愛的感受，不斷在分裂進化的細胞，都帶著愛的因子成長著。空氣是孕媽媽有健康的身體，好的身體運作。水是對懷孕的媽媽有健康、良好的循環系統，攝取好的水分，少過甜、少過鹹，不飲用人工化學的飲料，而是多補充能帶來健康的水分。

僅僅只是這些，就會對胎寶寶有著莫大的、且很好的影響與作用，也有助於刺激胎兒的感官發展，進而成為寶寶的一部分。讓一切從「愛」開始，就是最簡單、最好的胎教計劃了。當然，如果還能多讀了一些正確的資訊或者是書籍，進而學以致用，那就更棒了呢！

1 真心相信擁有幸福的魔法

首先，如果在閱讀的您，正好是有寶寶的媽媽，那麼我先恭喜您！恭喜您擁有了神奇的禮物，有個神奇寶貝選了您，成為他的媽媽。您身體裡正孕育著這個小小的生命，您是否感受到期待、幸福、忐忑著……生命的緣分和力量是很神奇的，您知道嗎？當寶寶還在天使那兒的時候，是他或她選擇您，決定要來給您做小孩呢！我總是告訴新生寶寶的媽媽們，對我來說，孩子就是一個勇敢的小鬥士，他們經過差不多十個月的時間，一直在胎內溫暖的溫床中孕育成長，然後努力的讓自己經過一個（自然產、剖腹產）奮勇的生產過程，最後來到您的生命中，成為您的寶貝小孩。

媽媽！從孕育到初為人母的您，一路走來也是不容易的，內心一定有很多的感受。不論是身分上的轉變，由妻子轉而成為了媽媽，又或者是因為懷孕影響造成身體上的種種變化，可能您的工作和生活形態，也要跟著改變……等等，這真是令人期待又怕受傷害啊！也許沒用不上心，但是我還是想告訴您，「放鬆心情，活在當下，接受這件美事」。請真心的相信「為母則強」，身為母親的您已經具備了能量，您可以的，媽媽。

而我有想告訴您（父、母）的話！育兒的幸福是有魔法的。我們先來啟動第一步吧！

當您知道肚子裡已經孕育了一個小生命時，請真心相信與放出感受，讓胎寶寶「已經」是家裡的一分子了。

首先，不是把孩子「擬人化」假裝有他，而是真實的把感受放在孩子已經存在，是您們家庭的一分子，孩子整天守著您、黏著您，進跟出的，**孩子是真實已經存在的**，而不是把他視為「我要當他是存在的人」。

什麼叫作，「把寶寶當作一個真正存在的人」呢？

就是不管您在家裡、外出購物或工作，都把寶寶視為已經來到您的身邊，加入這個家庭，是家裡的一分子了。您在做任何事情的時候都可以跟寶寶分享，就像跟家人互動一樣。

當您真心相信這件事，而且持續如此，幸福便會施展它的魔法，讓您擁有幸福。千萬不要小看了這件事，或者輕忽了它喔。而我多年來，也一再地從許多媽媽甜蜜的笑臉上，見證了幸福魔法的力量。

而為了迎接這位生命小勇士的到來，我也會在接下來的篇章裡，陸續和大家分享又分享，與胎寶寶親密互動的好方法喔。

當媽媽知道有寶寶了，您可以說以下歡迎寶寶的話：

「哇！寶貝我是媽媽，我一直在等你吔！」

「很高興你來了。歡迎你來給媽媽做小孩。」

「你先住在媽媽的肚子裡，把自己做得好好的，做成個健康寶寶，時間到了，我們就可以見面，跟媽媽抱緊緊，相親相愛囉！」

請用真心感受，而且相信。胎寶寶會因為是被期待的到來，也會覺得開心、安定、安全。

2 請把與胎寶寶互動的稱謂改一下吧！

少用：我、你、他。
請用：「我們」。

擁有幸福魔法的第二件事情，就是改變我們對寶寶的稱謂。媽媽們也要有準備，您要快速的把「你、我、他」的稱謂，盡量都變成「我們」喔。這會迅速的改變、強化寶寶在您身邊的存在感，可以讓您們連結得更緊密。

例如，您可以這麼跟胎寶寶這麼說：
「現在是中午下班，『我們』可以吃飯咧，『我們』去買排骨便當好不好？」
「老闆要『我們』做的這個，真的很麻煩對不對？沒關係！把它做好吧！」
「下班了，走！『我們』回家。」

「可樂果，媽媽拿鑰匙開門，『我們』到家了！」

「謝謝你陪媽媽上班了一整天，『我們』休息一下！等爸爸回來，『我們』看晚餐吃什麼？你想吃什麼？」

（如果您心裡冒出了吃牛肉麵或餛飩麵……的念頭，那多數就是寶寶是這麼想的唷！）

當我們說話時，常會理所當然地用自己的角度去說話，而把對象格局化了。我建議，當我們對寶寶說話時，可以用「媽媽的角度」先去感受一個美好的空間，然後再對寶寶說話，而說這些話的時候，感受到的角度都是「我們」，您可以不一定要揚之於口，即使只是心中真切的想法與感受都是很好很棒的。

「我們」真的是一個很厲害的詞語喔，因為它具備了一個幸福的魔法，會與寶寶產生一種「我們是一起的」、「我們是一體的」、「我們是親密地連結在一起的」感受，而這種「我們是共同一起的，現在就親密的相親相愛一起生活」，就是寶寶在胎內不停的細胞分裂成長中，放進細胞裡的愛的、陽光的因素。而不是媽媽孕期就多了一個肚子，就簡單的知道自己懷孕了，孕期滿了、等寶寶出生了，才來感受身邊實際多了一個人，多了一個無時無刻都需要您來照顧的人。

而這也是媽媽們在懷孕期間，最好的胎教，是能孕育出情緒比較穩定，很有靈性的寶寶的魔法。如果您還能擁有更多的孕期訊息，會做一些孕期瑜珈，孕期親子共讀……這就更棒了！我必須強調的是，這一切都要是自然的、滿心歡喜、愉悅地做，不是一件勉強自己必須去完成的工作，請好好把握唷！

3 幫寶寶取小名

擁有幸福魔法的第三件事情，就是幫寶寶取一個讓您們夫妻喜歡的小名。會讓您們提到寶寶，講到寶寶的名字，就有喜悅、可愛、期待、有愛的感受的小名。（曾經我協助過的一對孕夫妻，寶寶叫「萊爾富」，我好奇問為什麼？原來是夫妻倆會認識，是在萊爾富店員結帳時對調了他們的帳單而認識的。）

所以爸爸、媽媽們已經知道，寶寶是男孩？還是女孩了嗎？

如果還不會知道寶寶的性別，就已經決定為他取小名了，那麼請您們想一個您們喜歡的，男女通用的，大家能夠叫得來、想得來，是開心的愛他的都很好。

我就照顧過一位媽媽，她一心一意想要生個漂亮的女寶寶，所以在孕期就一直對著她肚子裡的寶貝叫「玫瑰」，還忍不住先買了都是女寶寶會用的東西。結果等知道性別是男生時，家人間一直把這個當成笑談，也開心地講給我聽，還告訴我，等懷二胎就取個不管他是男生女生都能夠用的，這也是個不錯的想法喔！

幫寶寶取個小名的另一個好處是，幫助媽媽更快地適應孕期的環境。

我認識一位不快樂的孕媽，她老公長年在深圳鴻海工作，又是獨子。她計劃等孩子滿月後，就帶孩子過去跟老公一家三口一起生活，可是婆婆不同意，老人家說：「如果妳要去可以，但妳是新手媽媽沒經驗我不放心，所以孩子留下來我帶。」可是媽媽怎麼可能肯跟孩子分開呢？

孩子的媽告訴我之後，除了安慰也希望能讓她放寬心，於是我跟她說了一個方法，也說明了是否有效全然取決於她是否真心相信孩子、跟孩子的互動。她可以為孩子取名，而且覺得這名字是可以飄洋過海的，也把這事的起心動念告訴胎寶寶，真心相信跟胎寶寶分享媽媽的期待，不帶要求與給寶寶壓力的跟寶寶說明原因：您們（您跟寶寶）期待的目標是什麼？請寶寶幫忙，我們要到深圳跟爸爸在一起，媽媽一定會好好的跟爸爸一起照顧你，所以媽媽幫你取這個名字，你喜歡嗎？（她當下竟然真的感受到寶寶喜歡吔！胎寶寶同意咧！）

後來，孩子滿月了之後不久，她老公在深圳那邊得了很嚴重的感冒不能上班，婆婆擔心兒子沒人照顧，趕著讓媳婦過去照顧兒子，可能是很擔心兒子吧？婆婆本來就有高血壓，這會兒忽然血壓竟然居高不下，也自知無法二十四小時的照顧孫子，於是就讓媳婦帶著孩子，漂洋過海去和她兒子一起住了。媽媽是在回臺灣給孩子打疫苗時，聯繫我告訴了我這個結果，我還跟媽媽寶寶開心地見了面。我是基督徒不相信什麼怪力亂神的事情，但是我相信孩子，或許這個去深圳的寶寶是個機緣巧合，可是我也要告訴大家，請相信孩子，但不要因為您的需要，而給了孩子需要完成的壓力唷！

所以，爸爸、媽媽們，為胎寶寶取個小名吧！或是您想直接叫他的本名也很好，只要能讓您感覺到陽光、喜樂，想到就能感覺到有愛的名字、暱稱、小名，順勢自然的取一個吧。而且就這樣滿心愛意的，開始跟您的胎寶寶說話囉。

給寶貝取一個您想要怎麼叫他的小名吧！

寶寶、小燈泡、火車頭、饅頭、開心、圓圓、草莓、可樂果……

取一個您會在呼喚、對話中感到愛與喜悅的小名吧！

或是用已經取好的名字都很好！

只要是呼喚他，跟他對話的時候，能產生您跟他有連結的感受。

4 把寶寶介紹給家人

擁有幸福魔法的第四件事情，就是願意告訴周圍人們的時候，以欣喜快樂的心情，將寶寶正式介紹給家人，包括您的親友們。

當家裡有了新成員加入，我們也取好了小名，接下來，當然要將這位重要的新成員，介紹給大家認識，包含必須知道、認識或參與陪寶寶成長的人。

「有沒有聽到？『爸爸』吔，『爸爸』在叫小蘋果了。」

「哇！『阿嬤』來囉！等你生出來，『阿嬤』會幫忙照顧小蘋果喔。」

「剛才跟媽媽講話的，是媽媽的老闆，媽媽幫他工作賺錢……」

「『胖胖』，媽媽的肚子裡有寶寶了，等寶寶生出來，你們就可以一起玩了！小蘋果這是媽媽養的狗狗，牠叫做『胖胖』，等你生出來就會看到，牠會陪你一起玩喔。」

當周圍的人們知道您有了孩子，他們會問候、會關心、會祝福……就讓一切好的感覺，都發生在您跟孩子身上吧！

有媽媽告訴我，她從小跟阿嬤感情就很好，她懷孕時介紹阿嬤給寶寶認識，後來只要阿嬤摸她的肚子，寶寶都會用胎動回應，起先以為是巧合，結果幾乎是屢試不爽呢！

阿嬤：「哈哈哈，我們的小蘋果在肚子裡頭又動了！」

阿嬤：「嗯嗯，這樣呀。跟阿嬤說話啦！」

阿嬤：「嗯，好~阿嬤也愛你，等你生出來阿嬤第一個抱你……」

阿嬤：「唉唷！還要跟阿嬤說話呀？」

上面這段話是媽媽跟爸爸錄下來，分享給我看的影片，我愛極了！

感受胎寶寶在您的身體裡，是如此緊密的結合在一起，同樣的把寶寶介紹給周圍的人，也是把周圍的人介紹給寶寶。透過這樣的交流，不僅讓大家知道有新生命即將到來，同時也提供胎寶寶更多的訊息、更多的認識。您別不相信，胎寶寶也是一直在感受這個世界，感受孕育他的環境氛圍呢！

爸爸、媽媽們，胎寶寶跟新生寶寶一樣，行為能力很差，但感知能力很強，而且在胎內就跟著媽媽學習，喜、怒、哀、樂……請相信這個幸福魔法，因為您和寶寶一同經歷了孕期的一切，您用心為寶寶做的事情，比方：按時產檢啦！為寶寶採買啦！佈置房間啦！看與寶寶相關的書籍啦！與人談及胎寶寶成長的情形啦！做產後寶寶的照顧規劃……這一切的一切，不僅可以成為孕育寶寶的能量，亦能安定孕育、養成寶寶穩定性格的好元素，是讓您更能接手、照顧新生寶寶的幸福魔法喔。

5 我們與寶寶的家，為寶寶準備好了沒？

一天天過去，之後寶寶出生了也許先去產後護理之家、也許請保母、家人協同照顧或是自己照顧。那麼在那之前，我們的家裡是否已經準備好一個寶寶可以安居的環境了呢？

當我們從心出發，有了迎接新生命的喜悅，接下來我們要做的，便是在家裡準備一個適合寶寶居住的環境。包括：寶寶床放的位置，寶寶換洗衣物、尿片怎麼放？從房間到浴室洗屁屁的動線是通暢的嗎？如果讓寶寶在客廳跟大家在一塊兒時，可以安置的是什麼位置？

很多事情都可以先做一些「預想」。我給媽媽一個提醒，現在採買東西很方便，有些不確定的物品，倒也不用急著都先買全，反而會因為到時不適用，或者是買的跟想要的不太一樣，反而擱置浪費了。我還辦過媽寶家庭的聚會，讓大家把寶寶用不到的物品，拿出來當交換禮物呢。哇！交換的東西真的是琳瑯滿目啊！包括朋友送的禮物，品質很好但是根本輪不到穿，寶寶就長大了根本穿不下了。因為媽媽們可以清楚看到交換的禮物是什麼的，所以可以透過彼此交換，拿回自己可以用的東西。交換禮物裡也有包裝好看不見內容物的，依家庭拿到的號碼抽獎盲選。我準備的地方也提供每個家庭可以準備他們能帶來的食物或飲料，可好玩了！

跑題了！在這裡，我還是要提醒媽媽們，千萬別衝動看到什麼就想買，一定必備的東西先準備好就好囉！在月中有很多媽媽，在孕期做了初期的準備之後，還會趁著出入月中的期間或者返家前，請假回家，跟爸爸一起為寶寶做最後的居家準備，再把環境調整過，那時再進行採購也是可以的唷。

我其實還想苦口婆心地說一句，爸爸媽媽為寶寶準備環境、空間……而其中最重要的準備，是「從心底真心接納、迎接寶寶的到來。」這裡指的準備，是我們「心態的準備」、「心理空間的準備」。寶寶剛來到這個世上，抱在懷裡小小的一個小人兒，初期我們要為他付出的比較多，爸爸媽媽們準備好心態迎接這一切吧！跟我們前文一開始談的孕育孩子的開始一樣，讓一切從「愛」開始。

每位寶寶都是恩賜、都是祝福。當這位手小小隻、腳丫小小隻的寶貝選擇來到了我們的家，為了迎接新寶寶的到來，我們多跟寶寶相處，多多跟寶寶互動，多多認識我們的這個寶貝吧！每個孩子都有他自己的氣質，都是獨立的個體，絕不是誰說得算，以前我如何養孩子……之前我帶的孩子是……別比較！不要老覺得孩子怎麼不是這樣、應該是要那樣。而這也是造成孩子焦慮、或者比較不好照顧的來源喔！我們和家人一起最基本的心意是，懷抱著「孩子健康就好的心情」，一起用「愛」做好準備，期待這位小寶貝的到來吧。

6 養成寶寶穩定靈性的第一步：擁有陽光、空氣、和水的胎內世界

人類最基本的生活要素，就是陽光、空氣與水。雖然胎兒尚未出生，但是他住在媽媽的肚子裡時，那裡也有他需要的陽光、空氣和水。

陽光

陽光，就是媽媽周圍環境給胎寶寶愛的感受。胎寶寶從受孕的那一刻起，從單細胞開始分裂成雙細胞、四細胞……到成長為胎兒，每個階段生長的細胞，都需要用愛的養分來灌溉。孩子能直接感覺到被愛、被期待，無論是喜怒哀樂、恩怨情仇，寶寶都是一同感受著的。因此，請孕媽媽留意「調適心情，活在當下」。經過科學的證實，孕媽媽的心情是會影響胎寶寶身心靈發展的。

孕媽媽可以給自己跟胎寶寶機會，在日常生活中進行各種的互動。有很多可

以做的事呢！比方：

1 聽孕媽媽喜歡的歌曲或音樂，就能傳達給寶寶喜歡、欣賞的快樂感受。我會教產婦，如果您不愛聽古典樂什麼的，可以留在睡覺或不在意聽什麼的時候，當背景音樂放給胎寶寶聽。

2 要跟胎寶寶對話時，手可以摸著肚子，或輕拍肚子的同一個位置，呼叫一下寶貝，讓他知道您要跟他說話了，要對他唱歌的時候也可以這麼做唷！

3 也可以跟胎寶寶說出您的小抱怨，例如：拍拍肚子，「宥勳呀！媽媽發現買給你的手搖鈴，沒剛才看到的這個好，我們把這個也買起來，你覺得呢？」（如果媽媽感覺到的是想買，就出手吧！如果感覺的是還好吧！那就不花這個錢也是可以的喔！）

4 我知道很多孕媽媽都會用妊娠紋霜、妊娠紋精油，或是選用某些滋潤皮膚的產品。當您使用時，也可以用默想或說出：「開心寶貝，我們按摩的時間到囉！」或是「爸爸在幫我們按摩吔！你動一動，跟爸爸說謝謝。」反正就是愛的互動語言，看您想怎麼跟您的胎寶寶說話，或是在心裡默想囉。

5 讓寶寶感覺生活。「門鈴響了哩！是爸爸回來了嗎？」「走，陪媽媽去買菜！」「寶貝，爸爸在跟你說話哩，他在摸你吔，踢他手手，跟爸爸說你聽到了！」「快九點了，我們去洗澡準備睡覺吧！」「陪媽媽去上課做運動吧！」諸如此類，就在日常生活中隨意的發揮，盡情的與胎寶寶互動吧！

6 其他：所有我沒有提及的，您想到要跟您的胎寶寶互動和交流的一切，都可以跟您的胎寶寶說喔。「讓所有的發生都是那麼的自然。」我總是告訴來找我諮詢的初孕媽咪，不用費腦筋多想我應該要怎麼做，您只要知道您擁有了一個亦步亦趨的胎閨密就對了！

空氣

空氣，就是媽媽有好好運作的器官。當您知道有胎寶寶了，就要試著讓自己的生活規律起來，為了孩子也是為了自己。比方，飲食要正常、營養要充足，避免便祕腹瀉這些問題。要常晒晒太陽，孕媽媽要有充足的鈣質吸收，鈣質吸收靠維生素D，自然的維生素D在陽光裡，所以有機會就適當的晒晒太陽吧！

空氣流通的話比較容易呼吸到新鮮的好空氣，所以您要常待在空氣通暢的地方。就算看電視，也看一些心情愉快、會讓自己覺得輕鬆的節目，少接觸一些會讓自己緊張、內容懸疑嚇自己的影片或新聞。讓自己體內的器官保持良好的運作，才能孕育出更健康的孩子，而這一點就需要良好的作息與飲食習慣。

媽媽們要記得，盡量避免暴飲暴食，過辣、過油、過鹹、過甜的食物也最好避免。水果，則要選擇甜度較低的，例如：芭樂、蓮霧、蘋果等，少吃改造的食物或甜食，可以減少妊娠糖尿病、高血壓、便祕等問題的發生機率。另外，吃水果的時間，我建議可以在早上和白天吃。若媽媽真的忍不住，很想喝含糖飲料或甜甜的咖啡，我建議淺嚐，喝個一小杯或半杯就好。喜歡喝奶茶的話，建議您點鮮奶茶，只要不要是人工甘味的，一些日子偶爾喝一點的話，也有偷喝到的小趣味，您覺得呢！

水

水對媽媽與寶寶來說，當然也是必要。我最大的感覺的水，指的是讓血液正常運作，有好的循環系統。媽媽要留意自己喝的水的品質，泛指：湯飲、藥膳、果汁、開水。媽媽也不宜只喝礦泉水或蒸餾水喔，那樣會造成有些應該攝取的元素沒有攝取到。

以我常年來關照媽媽們的經驗是，許多的媽媽懷孕的時候特別愛吃某些甜食，連水果都選很甜的來吃，也不愛喝水，這樣一來，會讓胎內的循環系統、血液的品質都不好了。而孕媽媽的嗜甜，也會影響胎寶寶的大腦正負電帶電紊亂。影響之後寶寶的睡眠。有些媽媽在帶寶寶時，會面臨一個情形，就是寶寶已經很睏很想睡了，明明他的身體需求也滿足了，但寶寶就是睡不著，寶寶呈現的是，手掌是放鬆開來的，而非有需要是握拳的，可是寶寶一直很煩躁，或是在哭著。

當然造成這樣的原因不是單一的，但是媽媽過多的糖分攝取，也是形成這情形其中的一個源頭喔。

胎內的陽光、空氣和水具備了寶寶必備的三大元素和魔法，孕期的媽媽一定要多多注意喔。

7 肚子裡的寶寶真的會回應您呢！

我在醫院端工作時，只要遇見來產檢的媽媽，我常常會在徵求她們的同意後，摸摸她們的肚子。因為我想把我的祝福，透過雙手傳送給肚子裡的寶寶。同時，我也常遇到，寶寶們會給我一些反應和回饋，我總是覺得，胎寶寶們都挺喜歡我的，因為我常常能得到他們的回應，那是很真實的感受。而這樣的反饋，每每令我覺得既感動又神奇，也因此讓我更想深入瞭解寶寶的反應、感受寶寶，想知道寶寶的需求。

在這裡，我想要和媽媽說我之前和胎寶寶互動的事，這是一個難過的記憶。記得有一次，我在與媽媽的交流中，被爸爸邀請摸一下媽媽的肚子，但是我怎麼樣也感受不到寶寶的回應，彷彿寶寶把自己封閉住了。

第二次這位媽媽再來做產檢時，又上樓來找我說他們來產檢了。我記得上次的感覺，主動說要摸摸媽媽的肚子，這一次她的寶寶還是沒有回應我。出於好奇，我跟一起上班的婦產科張醫生說出了我的感覺，張醫師說他相信我的感覺！因為他太太就是在美國有修嬰幼兒心理的精神科醫師。之後我也不知道是什麼個情形下，跟媽媽聊到了這件事，可能媽媽當下也有想法吧！她表示想去看看這位醫學中心的醫師，我是既好奇又關心，所以第一次也陪著媽媽去了。原來媽媽的工作是接案子，是蠻火紅在家接案用電腦工作的人，很少出門，飲食也多數是叫外送，比較少與人接觸，也比較少發生語言上的互動，再加上她懷孕之後，沒注意也不知道怎麼跟胎寶寶互動，所以孕期到六個多月了，胎寶寶呈現的是封閉的狀態。

醫師給了這位媽媽一些建議：增加與腹中胎兒的互動。也舉例了一些與胎寶寶互動的方式，其實這也是我們在之後的篇章會談到的，「把孩子當作閨密」的方法。媽媽偶爾照著醫師的建議做了，也預約掛號、再度前往醫學中心給我們婦產科醫師的太太複診。媽媽複診回家後打電話給我，擔心地告訴我，醫師很慎重的請她不能開玩笑，必須專心的好好的跟孩子接觸、連結，請她減少工作量，再加上她已經接近孕晚期了，最好盡快把工作分出去、或先停下來。媽媽聽了覺得很緊張，她下定決心說了一句：「我把電腦插頭拔掉了！」我很高興的是媽媽聽話照做了。後來，大約孩子八個月剛過沒幾天，媽媽打電話到醫院給我，哽咽的說，她照著醫師的話做了，而且還跟胎寶寶說對不起，媽媽之前不懂，不知道要做這些，還說請寶寶原諒。她跟我說話時的聲音都是哽咽的。媽媽告訴我：「孩子真的開始回應我了！原來孩子有回應是這種感覺呀，我以前都不知道！」我還記得，當時她激動又哽咽地說：「寶寶回應我了！我的寶寶回應我了！」

我對這件事的印象很深刻，覺得自己還有很多關於孩子的事情要探索，我也渴求能夠知道得更多。這件事又增加了我對寶寶與生俱來的靈性的認識與渴望探知！對我們未知的一切，產生了更濃厚的興趣、更大的求知慾。也大約在此時，我藉由閱讀接觸到日本教育學家七田真的胎教與右腦教學法。我把市面上能買到的中文版著作全部買來研讀，再與我的實務工作相對照。我發現，書中所言大都是真實有效的理論與實證，從此我便服膺了七田真的教養法，並與我個人經驗融會貫通。

我也就越來越跟寶寶成為了好朋友，更常與寶寶們互動。其實就像我前面提到的，我真正的老師，是所有我接觸到的寶寶們，我感受自己得到的任務，是將寶寶讓我知道、教會我的事，分享給有寶寶的媽媽們。

媽媽撫摸肚子，並不是單方面的感覺。當媽媽用心、用雙手傳送愛撫與愛的感受給寶寶，寶寶常常也會回應唷。

媽媽們只要想到，就自然的、有心的和胎寶寶做生活上的各種互動。您會發現，寶寶是最有禮貌、最熱情的人兒，他真的會回應您喔。

8 媽媽的情緒調節

當我們孕育了新生命，一般的情形是，每個寶寶都應該是在父母的期待下誕生的。我建議爸爸媽媽們，請「抱持著開放、歡迎、陽光的心態」，迎接寶寶的到來。

如我前文所言，首先媽媽們要活在當下，有些事情不是發愁和煩惱就能解決的，是不是就先擺到一邊呢？

時代的變遷，社會型態的改變，很多女性從單身到為人妻、為人母的過程可能很快，有人甚至是在當太太的同時就當媽媽了呢！我瞭解這些角色的轉換，都需要一個過程來調適，但是只要心中懷抱著「孕育寶寶是我所期待的」，那麼接下來，您在懷孕過程中需要為寶寶做的任何事，相信您都會去做。我不厭其煩地建議媽媽們：盡可能的活在當下。要相信自己，相信寶寶，而且「為母則強」。

當然，對第一次懷孕的媽媽來說，難免會對要面對未知的一切感到擔憂、不安，甚至有壓力，這也是人之常情。但是，此時與其沉溺其中，建議媽媽們，不如給自己找一個很好的出口，多多吸收關於孕期、胎教、嬰兒照顧教養等等的相關知識，主動把未知轉換為多數已知，不僅可以增強自己當媽媽的底氣，同時對降低心理上的不安會很有幫助呢！

如果有時內心有所交戰，或是負面情緒難以承受或消化，而自我責備或壓抑，我誠懇的建議媽媽們，可以找適合的親友或專業人士聊一聊。現在做心理諮商是一件很自然的事，我也做過心理諮商唷！有一年我生病休息了蠻長一段時間，總覺得什麼都不好了，後來我跟榮總的心理諮商師會談了幾次，得到的結論是我並沒有問題，而是應該回去上班，讓自己能夠與寶寶在一起。果然！當我回到有寶寶的所在，我覺得又有精氣神了，整個人又活了過來呢。

所以，把感受與心情釋放出來、放鬆抒發一下情緒。別一昧的勉強自己，告訴自己一定要維持正面情緒，結果都會勉強不來、也維持不住的，反而還會造成壓力。媽媽也可以告訴寶寶，對寶寶傾訴您的感受喔。請放心！寶寶絕對是最能夠保守祕密的胎閨密呢！

懷孕時期的一些情形對某些媽媽來說，可能是辛苦的，我是多麼期待自己能聆聽您的感受，在精神上擁抱您！請盡量放鬆、分享、以正能量的心情去面對。

我帶過兩個孕媽媽，面對明天要做孕期的產檢時，兩人想得不一樣。A媽媽心裡想的是：「明天又要產檢了，每次都要等好久，公司還要請假，真麻煩！」B媽媽心裡想的卻是：「哇！明天要產檢，我又可以從超音波看見孩子了，我一定要跟寶寶好好的打招呼！」

請問媽媽們，哪一種心情對自己或對寶寶比較好呢？應該是不言自明的囉！

9 請常常讚美鼓勵媽媽

來自家庭成員的支持和應援，對孕期的媽媽來說，是很重要的一件事，這也是另一種來自周遭人的幸福魔法。而這個魔法是要周圍的人透過讚美、正能量的語言，給媽媽穿上有愛的魔法的金鐘罩，而且會灌溉給媽媽好的感受，最後再傳遞到寶寶那裡。我必須替媽媽說一句話，關心是很好的，過度的指手畫腳是不必要的。我也要替周圍的人說一句話，好的正確的關心，請媽媽也要聽進心裡，有疑問的就找相關的人員諮詢一下。現在母嬰、孕產、哺乳的社會氛圍是很友善的，快樂做對的事情吧！

我們都是需要溝通，需要互動，需要有人聆聽，更需要讚美和鼓舞的。而且媽媽在懷孕的過程中，爸爸（老公）更應該主動，多多讚美媽媽。例如，爸爸是神隊友很重要喔！不經意的表現出來的愛憐、關心，或稱讚自己的太太都是很棒的，像是：「注意產檢的日子」、「關注太太愛吃的東西，注意不要吃對孕體不友善的食物……」、「稱讚媽媽懷孕過程中的表現」、「關心媽媽懷孕過程中的辛苦。」、「關注、發現媽媽現在比孕前更美好的地方。」、「能幫媽媽擋掉一些來自周圍，並不需要但又會讓媽媽煩惱的關注。」（覺得有些長輩要罵我了！）

我曾經有一位媽媽，她從懷孕期開始，她的老公就常不經意地說，「唉，我看妳真的變胖了吔。」

其實這位媽媽也知道懷孕之後她的身形和以前相比，不一樣了，也變胖了，這也是在所難免的事。但這句話她卻聽進去了，變得很沒有自信。後來，那位爸爸跟我講，他很後悔說出那樣的話，因為那次以後，他再也沒見過他太太的身體了，連太太擦妊娠紋霜都是一個人躲在浴室裡頭擦。

後來，那位媽媽到醫院來生產時，我問她，「媽媽您有擦妊娠紋霜嗎？」

「有呀，你看肚子很漂亮很有效。」

我說，「對，可是媽媽您怎麼只擦前面的肚子呢？後面全沒擦到。」

「因為我自己擦，擦不到後面。」

我說，「那您為什麼不叫老公幫您呢？」

她說，「因為老公說我胖，我心裡很受傷，不想叫老公幫忙。」

「給媽媽讚美」是每位媽媽在孕期中非常重要的一件事。一句小小的讚美，往往有大大的效果。而無心的一句話，有時竟會帶來巨大的陰影，不僅影響到媽媽的心情，也連帶把這份壞情緒帶給寶寶。

媽媽們也要注意，若家裡的隊友不夠機智，常常說出破壞心情的話語，您一定要懂得主動溝通，請他多多的讚美您。孕育出快樂的寶寶是全家要一起努力的事，不是只有您一個人的事，務必請家人們一起同心協助，共同打造愉快的孕育寶寶的環境喔。

10 打造胎閨密

家有孕育，除了健康的孕育過程，胎教也是會被關心的事情之一。不過，根據我二十多年來的經驗，有些家庭會很認真的學習，甚至參與胎教的課程，挺好的。有些家庭可能就只是一個懷孕的過程，然後等孩子自然地生下來。能投入參與課程，得到領悟與做法、而且真的實行，是很好很棒的。但是無論是認真學習的前者或自然法則的後者，我都建議您有一個最根本、最好的胎教，就是「簡單做、好好過，您只要把肚子裡的胎寶寶當『閨密』就好。」

真的唷！就是閨密。跟胎寶寶做閨密是最簡單又直接的胎教，反正這個親愛的就是一直跟著您，所以，媽媽不管看到、聽到、感覺到什麼、要做什麼，都像跟閨密一樣，都可以跟肚子裡的寶寶說。

（就跟閨密在互動聊天一樣，可以叨叨念念的揚之於口，亦可在心裡面想著自己在跟這個胎閨密說話。）

把寶寶當閨密，第一步就從「營造日常生活愛相隨」開始。

比方，一大早起床時，媽媽就跟胎寶寶說：「寶貝，媽媽睡醒咧，香香（小名）醒了嗎？早安喔！香香是不是也要跟媽媽說早安呀！」同時媽媽可以選個孕肚上固定的位置，有事要跟胎寶寶講話時，就可以輕拍肚子的那個固定的位置，跟胎寶寶打招呼、互動。

「走，我們去洗臉刷牙。今天早餐香香想吃什麼？」

此時，媽媽福至心靈地浮現出來想吃什麼，就是胎寶寶想吃的唷！

接下來吃早餐時，媽媽也可以問寶寶：

「今天早上香香想吃三明治、喝牛奶呀？走，我們去買，上班到公司再吃。」

「那我們就買三明治，吃火腿起司的好不好啊？」

媽媽再憑直覺選擇。吃午、晚餐的時候，媽媽也可以像這樣先詢問寶寶的意見。很多媽媽在孕期會特別想吃某種食物，那其實就是寶寶想吃的，但如果想吃的，正好是非當季或難以取得的食物，媽媽也可以透過這樣跟寶寶商量的方式，改用其他想吃的食物來替代喔！

生活中所有發生的事、想跟胎寶寶分享的事，哪怕是對同事的行為有什麼不開心，東西買貴了、買什麼東西撿到便宜了……胎寶寶都是您生活的一分子，您都可以跟他分享喔。

此外，媽媽可以向胎寶寶介紹更多關於生活中的事物呢。

例如，看到出太陽就跟寶寶說：「啊～今天太陽好大喔！我們走屋簷下面別晒黑了。」

路上看到用救護車經過，就可以跟寶寶說：「寶寶聽到嗎？這個『喔咿喔咿』的聲音？那是救護車，『喔咿喔咿』有救護車經過吔！救護車上面會有生病或是受傷的人，要被很快送到醫院去的，我們祝他健康平安。」

寶寶洗澡的時間到了，「香香我們洗澡囉！洗好澡我們就睡覺，媽媽覺得今天好累喔！」一樣的，邊說可以同時輕拍肚子您決定好的、固定的某個部位喔。

甚至媽媽心情不好時，也可以跟胎閨密訴苦一樣，跟寶寶說：「香香您知道嗎？剛才那個○○○還催我動作要快一點，怎麼快呀？我們只有兩個人哩，他又不是不知道，對不對？」

諸多諸多的各種生活親密交流，胎寶寶就在您分享的喜怒哀樂、恩怨情仇中，學習感情、感受、知覺、思考……而逐漸成長了。真的唷！可能我在開刀房產房待久了，往往寶寶生出來，當下就能感覺寶寶是在煩惱中孕育的，而且還是帶著期待跟愛的感受而來的孩子。

媽媽透過孕期與寶寶建立良好的互動，其實就是把握了胎教的起點，所以美好的人格特質，都在媽媽肚子裡就啟動運作了。而且您還擁有了一個最棒的閨密，一天二十四小時，都忠誠的跟您在一起，還不會洩漏祕密呢，多好！

與胎寶聊天SOP

11 真心相信寶寶的超能力

在我讀過的有關寶寶腦力發展的書中，總是提到右大腦的開發，或是胎兒具有的神奇能力。寶寶的聽覺差不多從第十六週就開始運作，大約在第二十週已經能聽到聲音，大約第二十四週發育完成。他發育良好的聽覺是一級棒的呢。所以，我總是建議爸爸媽媽們「多跟胎寶寶說話」，媽媽可以拍著選好的固定位置跟寶寶說話，寶寶都能聽得到，而且感覺得到您在敲門叫他喔。

再者，我們的語言能力受到所學與環境的限制，但寶寶的語言是無國界的，因此媽媽們可以跟胎寶寶用各種語言親子共讀，或是讓寶寶聽英文故事，任何您想跟胎寶寶分享的各國語言歌曲，都是OK的唷！我有一位很漂亮又可愛的寶寶，雖然父母都是我們臺灣人，但是住在美國蘊育出生的，所以可愛的小寶對聽英文歌、聽英文故事，可以明顯的感覺到他都很有感覺，真的唷！他只要一聽到英文，立即就會顯得專注，超級明顯的。

而且，**寶寶有一個神奇的能力，就是：能幫爸爸媽媽實現願望**。您有讀過《祕密》這本書嗎？您知道心想事成、圓夢計劃嗎？我因為想要懂孩子，把有關《祕密》的書幾乎都讀了，而且買的書放滿了整個書架都是呢！甚至因此而認識了《祕密》的譯者王莉莉老師，我再對照七田真的書，以及我這幾十年來與嬰兒的相處，我真的相信寶寶是神奇而有能力的。自從我知道這個是事實以後，我一直用敬畏與愛的心跟嬰兒們相處，真的呀！全都是我的寶寶老師們呢！

說到胎寶寶能幫爸爸媽媽的忙。有一個前提是，父母們用愛與寶寶交流，把您的心事與期盼跟胎寶寶分享，但不要帶有「要求」、「姑且一試」、「沒做到就不相信寶寶的能力」，或是「心裡帶著要求，寶寶一定要做到」、「沒達到，就不相信這個是事實」，爸媽自己要「真心相信」期盼可以實現。

這或許聽來很不可思議，卻一再地在我照顧的寶寶們身上得到證實。最常見的就是，媽媽想要順利生產。

「督導，我快臨盆了還胎位不正吔！產科醫師都已經約了剖腹生產的日期。」媽媽煩惱地告訴我，「醫生教我的膝胸臥式我一直有做，瑜伽老師教我的也做了，胎頭還不轉下來，變成要約日子開刀生了，怎麼辦！我真的不想開刀吔！」

如前面說的，我教了媽媽跟胎寶寶交流，而且在肚子上比畫著，跟寶寶說：「可樂果你現在頭在這邊，要轉到這邊，這樣媽媽就可以不要開刀，我們可以加油自己生出來。」

近期還有一位昭小妹，也是這樣。原本約了開刀日期，後來頭轉正了改成自然生，寫書的此刻，昭媽媽還在坐月子喔！無論您的期盼是否能達成，感覺孩子有在聽您說，跟您站在一條陣線上分享，其實就已經是一件很棒的事情囉！

另外，有一位我服務過的媽媽，媽媽第一胎的生產經驗，可以說是非常的慘烈，以致於她一直拒絕再懷胎，結果還是意外的懷了第二胎，媽媽的心情很忐忑不安，一直深刻的記得上一胎的生產過程。決定這一胎是她的收官之作，夫妻分工媽媽生產、爸爸結紮，然後夫妻倆好好的在月子中心休養，也因此我才會有機會接待了他們。

我一樣分享了胎寶寶的神奇能力，也讓媽媽「相信寶寶，而非給胎寶寶有一定達成的壓力」這個意念的重要性。我教媽媽，可以把擔心的事告訴寶寶，同時也要轉念，透過分享讓自己能稍微放鬆，真心相信寶寶會盡可能幫助她生產的過程。後來這位媽媽照著做了，第二個寶寶果然生得很順利，她到月中的時候歡喜地告訴我，真的完完全全跟生第一胎的經驗不同，滿月時送了我們產後機構一份大大的油飯，還特別裝在一艘揚著三角紙旗的竹船上喔！

也有不少的媽媽會希望寶寶在「特定的星座月」或「指定日期」出生。比方，比預產期早五天，就能夠跟大寶同一天過生日，晚三天就能跟奶奶一起過生日……或是有時媽媽的預產期正好界於兩個星座的交會日前後。這時，媽媽不妨在孕期中，就把您「期盼的理由，以及期盼的日期」滿懷希望的跟胎寶寶分享，方法就像是跟胎閨密分享一樣唷！記得，別帶著要求或著是怕失望。

我有帶過一位媽媽就是天蠍座的預產期，對這個星座她超級不愛，也用一樣的感受跟寶寶說，結果寶寶比預產期慢了兩天半出生，成為射手座寶寶。也許就是機緣巧合正好吧！可是我就是相信，也喜歡相信，真心的相信寶寶，相信每一位來到我面前的寶寶，都是因為寶寶想找到我，我也因此珍惜與擁抱。

總之，爸爸媽媽有什麼想法、心願、目標……都可以跟寶寶「分享、跟他說」。請真心相信寶寶的靈動吧，常常溝通、真心互動，哪一天寶寶就真的回應您囉！

跟胎寶許願SOP

小寶呀，
醫生伯伯說你可能會是處女座或天秤座吔。
媽媽是天秤座唷！
你也跟媽媽一樣吧！
哇！你也覺得天秤座好呀！
那小寶跟媽媽一起加油，我們做天秤座寶寶！

12 用心眼觀想健康喜歡的寶寶的魔法

當知道懷孕的是男孩或女孩之後，我建議媽媽可以這樣做：媽媽們可以先準備一張相對應性別的寶寶照片，是您一看就喜歡、順眼的樣子，並開始「真心確信，這是我的孩子，我孩子生出來是長這樣的。」

您可以將同一張照片縮小了皮夾裡放一張，床頭放一張，化妝鏡前放一張，浴室裡也護貝放一張。記住，認準了是同一張照片喔！您要從心裡確信這就是寶寶的照片，而不是想像我的孩子要長成這樣。

此外，您要時常跟照片上的寶寶對話，您可以跟寶寶說：「你的照片很好看，媽媽很喜歡你長得樣子。」

真的唷！孩子生出來之後真的會長得有幾分相似喔！

我要提醒媽媽們：我們是黃種人，不要選金髮碧眼的。從黃種人的寶寶照片裡面，找一個您喜歡的、順眼的，確信這是您寶寶的照片喔。

另外，媽媽們不要覺得這只是一張您從網路上選來的、希望寶寶能長得像他的照片喔。而是要用就是看著您孩子照片的心情，看著照片裡您的寶寶，而寶寶也正在看著您呢。媽媽就跟寶寶開心相處孕育的每一天，摸著肚子嘴巴講、心裡想，腦子裡的寶寶形象就在照片裡。

我之所以分享媽媽們可以這麼做，不僅為了讓媽媽們在孕期，已能夠有心力在「媽媽的角色」上，也讓胎寶寶感知自己是被期待、被愛著，直到能跟媽媽見面的那一天。媽媽以及家庭的重要成員，也會更有心的為寶寶做準備，一起感覺著寶寶已經在這個家裡了，直到寶寶真的在懷抱中。之後寶寶出生了，家人、媽媽寶寶之間的關係，是順應著孕期所建立的互動模式延續下來的，可以減緩彼此在相處上的適應期喔。

而且媽媽在生活中，一路以來讚美與肯定寶寶，這種存在感所帶來的諸多好處，是多麼的美好、有多麼地重要，我想也不用我再多作著墨了。

13 營造寶寶的生活作息

我有一堂課的名稱是「夜貓寶寶睡眠調整」，一直都是一堂蠻熱門的課，原因就是有些媽媽們常煩惱寶寶的作息，尤其是睡眠該怎麼規劃的問題。

在這裡我要回答媽媽們，我總說寶寶行為能力很差，需要我們的悉心照顧；但感知能力很強，而且不停的在領悟、模仿學習中逐漸成長的。其實媽媽在孕期中，有些簡單的習慣就可以打前期戰、稍稍的開始養成。雖然這期間寶寶還在媽媽的肚子裡，可是他的配合度和適應度可是一級棒的。

打造寶寶的生活作息習慣，就像建立一套生活的儀式感，媽媽越早在孕期每天和寶寶一起進行，這些吃飯、洗澡、睡覺……等等的生活作息，在寶寶出生後，當儀式感的熟悉感呈現，寶寶就比較會帶著這些經歷記憶，繼續延用下去喔。

像是一般大家最在意的「寶寶睡眠」問題。媽媽們在孕期就可以嘗試這樣做。

首先媽媽可以選一首喜歡的曲子或音樂，當作睡前歌，跟胎寶寶說：「我們要關燈睡覺囉。」

（去關燈、放指定的睡前曲。好好的躺下來吧！別再看手機了。）

我們靠著爸爸睡，爸爸可以說：「妞妞今天妳又陪了媽媽一整天呢，爸爸跟妳說……」（內容請爸爸自由發揮囉！）

接著爸爸媽媽也許就聊一會兒天，跟著也就真的睡了。

寶寶是有睡前記憶、睡眠機轉的，也就是一種嬰兒的睡眠模式。當寶寶出生後，一整天下來身心靈都得到適切的滿足與舒適，接著又進入這個睡眠模式的記憶，就比較容易為寶寶打造日夜之分，有好的睡眠了。當然！前提一定是，我們已經照顧好了寶寶的身心靈、生活環境以及睡眠環境的營造，利用寶寶的感知能力，是一個很重要的環節喔！

夜貓寶寶睡眠調整的課堂中，也常有媽媽問到要選什麼樣的歌呢？

其實媽媽們就選您覺得可以放鬆，覺得可以讓您進入夜裡的感受，而且是「自己喜歡的歌」。那些什麼古典樂，或是跟胎教有關的音樂，不見得是您喜歡的，您可以留給寶寶自己聽。比方說，您已經睡著的時候。

睡前放音樂之外，媽媽的聲音對寶寶來說，也是一種「心靈密碼」。媽媽可以透過胎內親子共讀，讀繪本、給胎寶寶說床邊故事，或者透過「編故事」，將自己生活的瑣事（或跟孩子有關的），一邊撫摸著自己的肚子，一邊說給肚子裡的寶寶聽。這對讓寶寶與外界產生連結，早點開始與環境接軌，專注力、同理心的建立，都是很好的先驅培養喔。

14 孕媽的手機時光

我沒計算過給孕產媽咪講課已經有多少年了！我常在課堂中開玩笑地對媽媽爸爸以及家庭成員說過一句話：「還好手機不會長大，不然，搞不好會比寶寶長得還好呢。」我是真的很有感觸，隨著3C產品的發展越來越好，爸爸媽媽給寶寶的關注就被削弱了。

我之所以會有這樣的感觸，相信很多人都心有戚戚焉，我相信寶寶一定是最不希望智慧手機被發明出來的人了。大家幾乎都「手機」傍身不離手，會花很多、很長的時間，「關注手機」。這種情景總是讓我心疼寶寶，總是很有感觸。所以我總是循循善誘、用正向的語言苦口婆心，希望能為感知強、靈性滿滿的寶寶，跟手機討一些時間回來寶寶身上。

其實如果換作我們來到一個全新未知的環境，我們也會希望身邊有個認識的人，比較懂我們需要的人，願意給我們感情供養的人；而新生寶寶就那麼小小的一隻，才剛來到這個世界上，又是行為能力差、感知能力強，所以真的很需要創造他生命的人，給他足夠的愛的供養。

其實這種需要是很單純、很微薄的，我一直覺得如果沒有這些愛的養分，寶寶是很孤獨而且無助的，他說的話我們不懂也不見得想學，我們說的他想學，也還沒本事學會！而能夠給予孩子這一切、最全面的，當然就是賦予他生命的媽媽與爸爸。寶寶獲得的幸福養分越多，就會呈現出更穩定、更會觀察環境、更會思考與創造，寶寶能發生的巧與妙，是超乎我們的想像。

當然，我說這些的意思，並不是就不能用手機，或不能藉由手機繼續搜尋資料與進行社交關係，而是建議會花很多時間在網路世界的媽媽爸爸，也能多花些時間認識寶寶。每個孩子的到來都是獨立的個體，需要我們從最初端就開始認識、瞭解寶寶，繼而與之共情。放低高度用孩子的眼光與能力看孩子的世界，也可藉此與孩子達成同頻共振、兩情相依。這樣一來，就不會對孩子有很多誤會的認知，孩子得到的被愛、照顧多了，相對的煩躁焦慮的感受少了，當然也就比較穩定囉！

胎寶寶也是很會感受外面的環境及氛圍，我們都不要掉以輕心，因為寶寶是用心眼和感知在看這個世界的。孕育寶寶的期間，周遭的一切是溫暖的、是流動的、是靜默的、還是冷漠或冷淡的，胎寶寶當然都接收得到。

我就諮詢過一位媽媽，她說她的寶寶每晚九點準時哭，不管他們怎麼抱呀，怎麼哄，他就是哭個不停。最後只好跟我求救詢問。我在瞭解了媽媽孕期的生活之後，才明白寶寶這樣煩躁哭泣的源頭。原來媽媽在孕期每天晚上九點會和先生一起上網，組隊殺戮的電競賽。每天的晚間九點到十二點，是他們一天之中最振奮最專注的時候。所以說，正確的胎教方式考慮一下喔。

15 親餵母乳好處數不盡

近十幾年我們國家正確的母乳哺育意識抬頭，藉著這些不計辛勞，帶有使命感的老師們，以及與母乳哺育相關的工作者，不遺餘力的與國際接軌，再將所學延續發展在國內教育英才，謝謝老師們，我就是其中領受知識的受益者。哺餵母乳對寶寶與媽媽真的好處多多，如今整個哺乳環境的一脈相成，其實已經算是很完善了。從懷孕領媽媽手冊起，無論是政府宣導、醫療院所或相關支持系統或網站上，孕媽咪都能得到相關的正確訊息，幾乎就是一條龍的服務了。不過，在此我還是表達一些，在臨床上媽媽比較需要知道的優點。

降低猝死發生的機率

我們常在政府及醫療院所的宣導文中，提到吃母乳是可以降低新生兒、嬰兒猝死率的好知識。那麼我們知道如何降低的「方法」嗎？

我要說的是「寶寶自己來乳房上吮喔」！

擠在瓶中的母乳很好，內含的成分真的是妙不可言，而且是具有活性的，絕對沒有任何配方奶可以完全取代。在顯微鏡下，會看到母乳中，很神奇的有一顆顆如同晶球一般的活性因子，動來動去，真是忙碌極了呢！配方奶也具備了營養素，但這些活性卻是無法製造的。網路上搜尋關鍵字「母乳竟然是活的」，就可以看到文獻、影片、說明、圖片，唾手可得的資訊就一大堆呢！

但是，到底是什麼理由，讓懂母乳餵養的人們、或哺乳相關的專業人員，都主張最好能「親餵」呢？我將文字簡化到容易瞭解，向家長們報告。

在寶寶哭或張大嘴的時候，我們仰頭去看寶寶的上顎，會發現寶寶的上顎比我們成年人的較深凹，俗稱「奶窩、哺乳窩」，親餵的過程中，寶寶會自然的、把媽媽的乳暈連同乳頭，深深的含入口中，盡量的含到哺乳窩這裡，乳頭也就會在靠近喉頭前方的位置。當寶寶吸吮母乳時，會張開大大的嘴，自動的將舌頭從乳暈往乳頭方向舔撥，接著喉頭就發揮功能吸吮進去，再協調靈活的控制呼吸或吞嚥，我們的會厭、軟顎會發揮功能，正確訓練自己喉頭的共濟協調性，該顧吞嚥蓋氣管，還是該管呼吸擋食道。寶寶張大口，在親餵中不停的操練喉頭運作，反射功能當然越來越好。所以：

1 吞嚥的協調功能操練得更好了。

2 吸乳、吞嚥、呼吸……各種功能的協調性，彼此的呼應共濟也更好了。

3 呼吸道功能更健全，抵抗力、免疫力也優化了。

4 舌根是語言的發源地，之後講話口齒清晰、動舌靈活。

如此，寶寶使盡了吃奶的力氣，在親餵自己吃奶的過程中，吸吮、吞嚥……整整活絡了顏面超過了六十四組千絲萬縷互相連動的神經、肌肉的整個脈絡系統，進而強化、啟動了腦部的發育，所以我們說吃母乳的寶寶聰明呀！這種功能不是吸食奶瓶就能夠替代的神奇功效。

促進牙床與口腔發育

舌根是語言的發源地，寶寶張著大大的嘴，吸吮媽媽的乳房時，同時就是在訓練舌根的力量，這樣對於寶寶的語言發展，也得到共濟協調、靈活運用，比較容易有口齒清晰的根底。而當媽寶泌乳親餵漸入佳境時，乳房會像雲朵一樣的柔軟喔，那觸感絕非奶瓶可以比擬的。天然的乳房與牙床的契合度，絕對可以幫助寶寶的牙床得到最好的發育。寶寶吸母奶時，會大量運用到全方位的脈絡運作，單就環繞嘴巴的口輪匝肌、臉頰的脂肪墊……多讓寶寶透過吸吮媽媽的乳房，來訓練到這些部位的活絡，就能讓寶寶有好看的微笑線，成為一個笑起來很有人緣的人呢。親餵時，寶寶需要用口腔肌肉完整的將乳頭包住，主動吸吮，才能將乳汁吸出，如此，寶寶的口腔肌肉功能較佳、顎骨生長較好。瓶餵時，寶寶只需要小力的吸吮，就能得到乳汁，如此口腔無法得到足夠生長的刺激。

我總會在臨床上，告訴新生兒的爸媽，寶寶在媽媽身上自己吃母奶，就如同在跑馬拉松，一天裡面跑個六到八次的馬拉松，該睡覺的時候，寶寶在體力上獲得消耗，感情上獲得滿足，我們把寶寶的身心靈，都達到一個滿足的狀態，到寶寶該睡的時候，多數都是會放鬆、能夠好好的睡眠的。如果整天吃的是奶瓶，全身都很放鬆，就是動個嘴在吸奶，那不過就是跑個百米，我懷疑甚至連百米都沒有呢！一整天下來，身體聚集了很多沒有放掉的能量，那當然多數的寶寶都要用哭來解決。哭，也是寶寶釋放能量、運動或放鬆的一種方式，也是感情、與人交流的情緒、需求，沒有獲得紓解的一種發洩方式，我都稱之為「寶寶在放電」、「寶寶在運動」呢。

這也是很多家庭餵寶寶吃飽了，什麼該做的都做完了，怎麼寶寶還是一直哭個不停，很可能的一個原因。寶寶哭到家長們只能無助的抱著、搖著、晃著，寶寶還是哭個不停，家長糾結著寶寶怎麼一直哭呀？寶寶怎麼都不睡呢？有些家長就會覺得自己生了一個高需求的寶寶，或者開玩笑地跟周圍人說，自己孩子是個磨娘精，不！不！不！這個鍋寶寶可是不背的呢！

我也要提醒家長們，我的字典裡沒有「哭、鬧、吵」，「鬧、吵」這個鍋寶寶不背。哭，是寶寶很特殊的語言，寶寶是在說他的「哭哭話」，所以，當寶寶無論是什麼原因，在發出各種哭聲的時候，雖然您不知道寶寶在哭什麼意思，無論是抱著搖曳，或者是躺著給予撫摸，請多給予寶寶您直覺的回覆。

「喔！對不起喔！媽媽還在學習，會加油。」

「好喔！好喔！明天就……」

「會！會！爸爸已經認真在學了……」

首要是「觀察寶寶，評估他當下真正的需要」，再來就是「好好地回應寶寶」。您會驚訝的發現，跟寶寶好好的互動這個方法是有效的唷！而不是一味地哄騙，或是放任不管讓他哭；如果換作是我們，一直哭著跟周圍親密的人表達我們的需求，而人們總是說：「好啦！好啦！不要哭了啦……」或是根本就不理我們，那種感覺是不是會讓人更傷心呢？而且會深深的存在記憶中。

有助寶寶作息正常規律

每次吃奶（親餵）時，寶寶的口腔、舌頭、下顎、臉頰，以及整個顏面部啟動運作的神經反射，超過六十四組在運作呢！這精密的運作會延伸到寶寶的顱神經，啟動大腦更好的發育，所以我們說，吃母乳會讓孩子更聰明，主要說的就是「親餵寶寶吃母乳」。而且可以一起控制與協調吸吮、吞嚥與呼吸動作。舉例：寶寶是中耳炎好發的族群之一，當藉由親餵吸吮，耳咽管被強化了，中耳炎發生的機率就降低了。

若媽媽、家人們仔細看看親餵寶寶吃母乳的模樣，您會發現：寶寶是「握緊拳頭、豎起腳大拇指，用著全身的力氣在吃」，所以，人們會有「使盡吃奶的力氣」的說法。寶寶一天要吃六至八次的母乳，相當於跑了六至八場的馬拉松呢。跑了一天的馬拉松，當然會累，這樣寶寶該睡的時候，自然也就會乖乖睡覺了。

寶寶真的是很孝順的

寶寶有吸吮的本事，是與生俱來不是我們教的。

我也常在臨床上，告訴新生的產婦，寶寶在天上經過選媽媽天使，選上了您們做她的父母，選媽天使就會把寶寶交給育兒天使，教會了寶寶吸吮的本能，所以每個寶寶出生就是吸奶博士，吸奶的本事不是我們教的。

但是寶寶才剛從吸奶博士大學畢業，剛出社會或面對新工作，我們不是也要職前訓練嗎？就算很會唱跳，要當歌手不是也要從練習生開始的嗎？從小老師、爸媽教我們寫名字，不是拿著筆，寫畫了一次我們就會了，能好好寫自己的名字，也是要經過無數次的練習，才會寫得越來越好！所以媽媽們要給寶寶親餵，我們要提供的是「多給寶寶吸吮的機會」，總是練習、常常練習，很快的寶寶就會越做越好，吸奶博士的本事就拿出來了。

從一出生就親餵寶寶，對媽媽和寶寶都有好處。媽媽在產後大約第三天開始，即開始會有生理性脹乳。如果從一出生，就讓寶寶親餵吃母乳，等到第三天生理性脹乳開始時，寶寶吃奶的技巧已經練得很好了，剛好很有吸吮的本事，可以孝順媽媽，幫媽媽解決脹乳的問題，讓媽媽不必承受脹奶之苦。何況初產後是產婦恢復的黃金期，親餵母乳可以促進媽媽的子宮收縮、臟器恢復、熱量消耗……幫助媽媽從裡到外的健康恢復呢！

另外，還有幾個在臨床上家長對於親餵寶寶會提出的疑問，在這裡我替寶寶回答您：

疑問一、寶寶總是含不上乳房，幫他對上了，他的頭還是要在乳房這邊，搖頭晃腦一直轉來轉去，頭一直點、點、點，不肯好好吃。

當媽媽把寶寶親餵的姿勢抱好抱對了，把寶寶的鼻尖對著媽媽的乳頭，寶寶會自動仰頭就含上。所以媽媽要親餵時，媽媽只要「抱好寶寶就好」，寶寶知道自己要怎麼吃的，不用媽媽一直動著身體，試圖去找寶寶的嘴。

有時我們在馬路上，不小心與人面對面了，如果都試圖往左往右，最後兩人還是會碰撞在一起，當其中一人不動，對面的人不就可以繞過去了嗎？所以媽媽別動吧！讓寶寶自己來，他可以的。

疑問二、寶寶吃一吃，一下子就睡著了，不肯好好吃。

新生嬰兒一天要睡十六到十八個小時，甚至有人說需要十九個小時呢！寶寶把清醒的時間，多數分散在吃奶或者洗澡。如果我們總是等到他哭了一會兒才餵，他哭累了，完全清醒的時間也就過了，這時寶寶便會忍不住進入睡眠階段。所以，每一次餵過寶寶之後，媽媽要評估他這一餐吃得如何？大概什麼時候會是下一餐？這樣「有規劃的去預計寶寶下一餐的到來」，也能讓媽媽因為有心理準備而不會覺得很累喔！

還有，夏天我們容易昏昏欲睡、食慾下降，所以餵寶寶的時候，請將室內環境調整得涼快一些。別包著寶寶，把他鬆開來，他也會比較容易清醒。放開寶寶的兩隻手，在親餵中讓寶寶的兩隻手，能自然的懷抱著媽媽的乳房吧！誰吃飯不都該好好的自己捧著碗吃嗎？

- 提醒一；如果寶寶這一餐或是兩餐之間，有便便了，下一餐有可能會提早個十五分到三十分要吃飯，這是很合理的唷！
- 提醒二；寶寶是被身體管理的，而不是我們規定的時間，他餓了就是餓了，不要因為吃奶時間沒到，就讓他哭著。而您一直哄著，要等時間到了才餵，總是寶寶哭累了才有得吃，寶寶就會食不定而睡不定喔。

• 提醒三：寶寶哭了，請評估觀察原因。不是哭，就代表肚子餓；不是睡，就代表肚子飽。寶寶哭了，請先觀察思考，要幫寶寶解決的是什麼問題？而不是怕他哭就立即抱起來，這樣往往失去了找到正確原因的機會，讓寶寶學會要等待一點點時間是可以的。

疑問三、我要餵他，他就一直推開，你看他都不要吃。

媽媽，這一點請您「轉換思維」，孩子的手短短小小的，當他聞到您胸部蒙哥馬利腺體的味道，就很想擁抱您、想靠近您的乳房。但是我們的身體對寶寶來說是寬闊的，他明明想抱緊緊，卻讓您誤以為是想要推開。所以在臨床上，我常跟媽媽開玩笑說：「如果很餓了，就會飢不擇食，我那麼老了，如果我是奶媽，孩子都會自己含上了就開始吸奶，更何況媽媽如此的青春洋溢、充滿母愛，寶寶怎麼會推開呢？而且是誰教會他，這個樣子推就叫做不要？」

16 刺激產後泌乳

如果媽媽想親餵母乳，我提醒千萬別操之過急，臨床上偶爾會遇到，有媽媽在孕期就過早或過度刺激乳體、乳暈、乳頭，以為這樣能幫助乳房活絡，能順利地開展生產後的哺乳。如果這麼做，會過早刺激子宮收縮，這是不恰當、有危險性的。

我曾遇過一位媽媽，就是誤信網友的建議，懷孕四個多月就開始用妊娠紋霜，且刻意的經常揉捏、按摩乳房、乳暈與乳頭，以為對產後哺乳有幫助，結果寶寶六個月又四天就早產了，體重只有一千多公克。所以媽媽在孕期，請以「平常心對待乳房，洗澡時也如常，不用特別搓揉它」。

懷孕中、後期，有些媽媽的乳頭可能會冒出象牙色、淺鐵灰色，至深鐵灰色的「小小粉痘痘」，那其實是自身胸部發育以來，累積在乳管中的「乳痂、乳垢」，隨著懷孕時乳房工廠也在為寶寶做準備，媽媽們不需要刻意的清潔、或想辦法擠出來喔，讓乳房工廠自然運作吧。

若媽媽們真的想在孕期，做一些能幫助產後泌乳的事，請您一定留意，必須先達到以下三個條件：

1 懷孕超過三十八週了。
2 寶寶的體重已經有兩千六百公克以上了。
3 醫生說，一切順利，隨時都可以生了。

※有妊娠疑慮，如胎位不正、前置胎盤或預約剖腹產……皆不可以進行產前泌乳的動作。

達到這三個條件時，這時媽媽才比較適合較多的運用妊娠紋霜，或者是孕期可使用的滋養油。請溫柔的、舒適的按摩整個乳體，爸爸可以幫忙喔！

17 產前準備

隨著預產期分娩日即將來臨，媽媽們心裡一定是既期待又緊張，特別是決定自然產的媽媽。我在跟媽媽們做產前諮詢時，都會建議媽媽們，如果可以請盡量放下，或讓家人分擔心中的各種掛慮、擔憂。放下心來做好產前的準備，無論是實際需要準備的用品，或是自己身體與心理上的準備。

媽媽您準備採取的是「自然產」、「剖腹產」或是「溫柔生產」呢？是否有做「生產計劃」了呢？現在產檢、生產幾乎都是母嬰親善醫院，可以跟生產醫護人員討論。為了順利哺乳，希望可以在產檯即刻吸吮？小提醒喔！寶寶一出生就能含上乳房啟動吸吮的話，對新生嬰兒的健康促進很有幫助。而且寶寶很快就會顯得安穩下來了呢！而出生五分鐘內能夠讓寶寶吸吮的話，會啟動最佳的成功哺餵母乳的機制喔！

對於產後媽媽會用到的用品，是必須合理預作準備的，目前市面上有很多業者會提供「待產包」給媽媽們選購，十分方便。至於寶寶出生後需要的用品，我倒是建議媽媽可以享受多看看的過程，有不少媽媽告訴我，逛嬰童用品店東看看西摸摸的過程，會讓她浸潤在孕育寶寶的快樂中，這種感覺挺好的。

另外，我建議媽媽也可以考慮接收其他寶寶用過的物品喔。尤其是「衣服」，經過多次洗滌之後的衣服，質地比較柔軟，非常適合寶寶嬌嫩的肌膚。而且寶寶成長的速度很快，衣服很快就穿不下了。生產後，會轉到月子中心的媽媽，還可以在用過月子中心的母嬰用品後，再決定要添購哪些物品。

※提醒：無論是小寶接著穿大寶的衣物，或者是接收了恩典牌的包巾、布服等，請一定要好好地洗晒過才可以給寶寶用。

在身體方面，媽媽們則要注意「雙腳水腫」的問題。

到了懷孕中晚期，因為子宮隨著胎兒成長逐漸變大，尤其孕晚期胎頭下降，會影響到孕媽媽下肢靜脈回流，骨盆腔血液循環與回流能力被改變，媽媽們難免會遇到「下肢水腫、浮腫」的問題，越到懷孕的末期，更是明顯。有些孕媽媽們，還有抽筋的問題呢！

建議媽媽們，在晚上睡覺前可以做個熱水足浴，泡過腳後使用足部的保養霜、滋養油、足部的護膚品……按摩足部、腳踝與小腿（這件事爸爸是可以給力的唷）。天氣冷的話，媽媽可以穿上鬆口不緊束的襪子。睡覺時，請記得拿一個靠墊墊在膝蓋往足部的下方（注意，不是放在腳踝下喔），這麼做，可以幫助媽媽們減輕背和腰部承受的壓力。

已經足月的媽媽，在飲食上也要多加注意。請感覺一下身體是否有「少量多餐」的需求，並選擇比較容易消化，避免容易脹氣的食物。

提醒：有些孕婦是預約日期、時間，必須開刀生產，考慮開完刀要等到排氣才能吃東西，擔心術後會餓蠻長的一段時間，媽媽就會在預約手術的前一天晚上，盡量多吃，然後讓自己能捱過禁食八小時。我會建議媽媽們，請不要這麼做，請在手術前兩天，就開始吃容易消化、排便順利的食物，手術前一天的晚餐進食後，就在口渴時飲用開水，不再多吃什麼，禁食時間開始禁食了，感覺口渴了就漱漱口吧！

自然產待產的媽媽，若可以的話，建議不妨準備一瓶新鮮現榨的柳丁汁。待產到中後期，進食飲食欠佳，又需要體力，可以為待產過程的媽媽補充能量。

在心理方面，首先媽媽們要建立「親餵的心理準備」。

懷孕期間乳房的變化（乳暈外觀變深、乳房乳頭變大……等），內部更是為了新生寶寶在準備神奇的運作，等寶寶出生之後，我們就進入下一個階段，哺乳開始囉。剛出生時，寶寶的胃很小，吃不多、消化快，頭一、兩天可能需要餵八到十二次。媽媽及家人準備得越充足、先做好心理準備，寶寶會用健康吸吮、好的消化告訴家人：「我是健康寶寶喔！」

總之，媽媽們可以多方蒐集資訊，盡可能做好各方面的準備，知識的儲備是底氣啊。

待產包清單

註：產院或月中有準備的，就不用自備囉。

媽媽用品類

- □ 溢乳墊
- □ 保健品
- □ 免洗內褲約30件
- □ 爸爸媽媽刷牙、牙膏、洗臉用品、擦澡擦臉毛巾
- □ 媽媽的保養品和身體乳液
- □ 媽媽的化妝品、卸妝品
- □ 髮帶
- □ 陰部沖洗器
- □ 空針筒、小湯匙
- □ 保溫杯
- □ 哺乳衣
- □ 哺乳舒緩呵護膏／羊脂膏
- □ 3C用品電源線、相機
- □ 塑腿襪和塑身衣
- □ 相機用品
- □ 吸乳器備著
- □ 出月子中心的衣服一套
- □ 媽媽的出院保暖：口罩、帽子、圍巾
- □ 其他個人必需品

證件類

- □健保卡、錢包
- □月子中心合約
- □塑身衣合約
- □戶口名簿：報戶口用
- □媽媽手冊和產檢報告
- □家裡鑰匙
- □生育獎勵、津貼等申請書
- □寶寶生活記錄APP

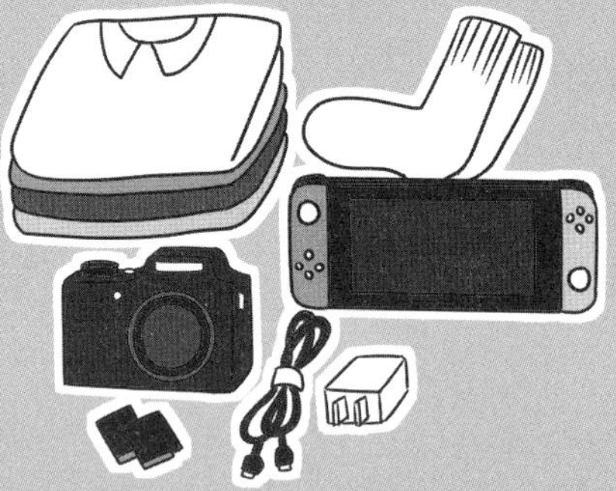

爸爸用品類

- □一個禮拜的換洗衣物
- □相機、電池和充電座
- □IPAD和充電線
- □遊戲機和充電座
- □筆電和電源線
- □指甲剪

寶寶出生後用品

- □寶寶的衣帽和包巾
- □寶寶紗布衣
- □NB尿布
- □寶寶的安撫毯或白噪音
- □奶嘴和奶嘴盒
- □屁屁膏
- □濕紙巾
- □口水巾
- □消毒液、攜帶式酒精噴霧備用
- □酒精清潔片
- □奶瓶清潔液

第二部

生產：
媽媽與寶寶最重要的一天

媽媽與寶寶最重要的一天

開始有產兆了！進入了待產的過程，家庭迎接一個新生命，要進展到了一個新的里程碑，而且是很重要的一部分。會花多少時間帶產等待呢？都是未知。臨屆生產這個重要的階段，對媽媽、寶寶以及家庭的所有成員來說，一定都是既緊張又期待的過程！這是媽媽與寶貝約定好終於要見面、相見歡的日子啊！每個家庭都有著獨有的氛圍，來迎接新寶貝的到來。

當心肝寶貝呱呱落地，與家長第一次見面的那一刻，產檯或手術檯上的媽媽，終於揭開了親愛寶寶的面紗，終於可以如此真實的把懷胎十月的寶寶抱在懷裡了。

總有媽媽告訴我，她在孕期中，尤其是靠近孕晚期，總會想像生產那天自己會做些什麼呢？寶寶生出來，第一眼見到孩子會是什麼樣的情景？哪裡長得像自己？哪裡像老公？又希望哪裡長得像自己哪裡長得像老公呢？果然這是媽媽與寶寶最重要的見面會呢！

那麼我就想問問現在正在看書的您，您與寶寶第一次見面的黃金時刻，您想像的是什麼樣的情景？您覺得自己會做些什麼呢？對於這一點，我們來分享一下吧！

1 待產與分娩要留意的事

終於，要臨盆了，無論是自然產或是必須要剖腹生，我們都來到這個期待的日子。提醒媽媽及家人們，進入孕晚期都要「再檢查一次需要帶到醫院的物品」。我就碰過有產婦跟老公什麼都帶上了，就是忘了帶錢跟健保卡。真的，很多夫妻在這一刻來臨時，會緊張到腦中一片空白呢！這部分的準備，媽媽可以再次核對一下「待產包清單」內容，確定一切都已準備好。

自然產的媽媽們，要留意進入「規律宮縮」。如果媽媽是第一胎，規律宮縮的漸進發展，大約是隔五～八分鐘一次，強度力度持續增加時，就可以前往醫院了。

※提醒：開始有產兆、但還沒進入這個強度時，可以評估是否還有時間，媽媽們可以在家先洗個頭、洗好澡，往往也可以藉由這些事情，調整讓自己循序漸

進的心情喔！如果是第二胎，產程進展的速度多數就會比較快，大約六～十分鐘收縮一次就要趕快去產院囉！

若是先生或其他人開車前往產院，請深呼吸讓心情放鬆些，不要緊張、焦急、煩躁或心慌，注意著行車安全。路上有什麼情形，都跟產院保持聯繫，請求協助。

大家有沒有注意到，這裡我提到的都是「規律宮縮」、「宮縮漸進發展」，而不是說陣痛、子宮收縮痛，是因為我想讓大家不要把重點放在「痛」的感覺，而是讓自己把重點放在子宮收縮的過程上。

另外，我特別要提醒的是，請注意「有可能發生急產」的徵兆：

1 前胎有急產經驗的經產婦。

2 產程進展很快速，很快就進入到短時間持續性規律宮縮，甚至會覺得這種持續性規律宮縮，是沒有間歇時間的。

3 肚子快速變得緊繃：因為子宮收縮引起的陣痛症狀，急產的孕婦多數都會持續感受到肚子很緊繃。

4 便意感：待產中，如果感覺到強烈的便意，就是有要排便的感受，請注意也許不是要排便，而是要臨盆了。如果在家中或是往醫院的路上，就有強烈的便意感，請注意您可能馬上要生產了。

媽媽已經進入生產醫院待產時（記得，我說的是已經在醫院待產囉），媽媽可以著手進行以下，為哺乳做準備：

一、適度的刺激乳房

1 取一個小容器（例如：小免洗杯、寶寶還沒用到的奶瓶蓋……等），裡面裝入一點溫開水，再拿一枝棉花棒沾取溫開水，輕輕的在乳頭上重複的輕點。注意，就是輕輕的沾點，不要用力、過度摩擦乳頭。

2 一側的乳頭大約點兩、三分鐘，就停下來換另一側。如果乳頭上有出現一些小小的顆粒，輕輕的用棉花棒沾捲起來，使用過的小免洗杯或奶瓶蓋再洗淨就可以囉！這麼做可以告訴乳房，寶寶快要來了，我們準備好吧！

3 接著在待產過程中，間隔大約兩到三小時一次，媽媽可以適度輕揉乳暈外圍（離乳頭約三公分位置），在乳暈外圍的乳房，輕柔地用鋼琴手彈動乳體，或是四個手指尖輕輕的、不驚動皮膚的，由乳房外圍往乳暈刮動。再來，雙手捧著乳房輕微的抖動，真的就是輕輕的抖動就好了，不要用力、不要壓緊皮膚，輕輕的抖動乳房。這個部分可以請神隊友丈夫、準爸爸幫忙一起做唷！

4 多做幾次以上的動作後，我們可以學著（可以請護理人員指導）試試用手擠乳，可能開始有泌乳出來囉！並且這麼做也可能幫助得到產程的進展。

5 我必須很嚴肅地提醒，**如果媽媽是必須剖腹生產的，請您在「產後」才可以開始這麼做。**

6 等寶寶生出來，請媽媽每一次要餵寶寶或者是手擠乳前，請都先放鬆頭肩頸，坐在背部有依靠的舒適位置，然後用前文提到的第三個步驟，做為您要泌乳哺乳，或手擠乳的前置作業。

二、泌乳初期收集乳汁

若媽媽在待產中，已經開始有乳汁泌出來，可以跟護理站要收集乳汁的空針，把乳汁收集在空針中。

也有媽媽告訴過我，她對空針的操作很不熟練，深彎著頭、直盯著乳頭上那一點點的乳汁，緊繃著的脖子和肩頸，加上焦急的想要用手上的空針把珍貴的乳汁吸起來，真不是一件容易的事。其實您們可以在「待產包清單」中，列入「準備一個小湯匙」，當媽媽在知道有乳汁的時候，把小湯匙用開水燙洗乾淨後，再拿來接母乳就方便多了，把收集到的母乳吸到空針中保存起來，可能就會比較容易一些。當乳汁較多了不是用五毫升或是十毫升的空針可以裝得下時，就可以直接用儲奶瓶囉。

三、補充少許的水分和熱量，以及排尿。

媽媽在待產的過程中，會跟著產程的進展漸漸的食慾變得比較差。別忘了，還是要保持水分的攝取，如果季節可以，家人們也可以幫忙準備新鮮的柳丁汁。陪產的照顧者，請隨時幫媽媽補充水杯，保持有開水飲用。開水很好，但是沒有熱量，所以可以的話，偶爾喝點柳丁汁，可以供應熱量，保持體力，增強抵抗力。而且柳丁汁微酸的甜香，可幫助放鬆待產的心情。另外柳丁汁有強大的抗氧化功效，能幫助清除體內的自由基，達到抗發炎的效果，還可以改善、減少便祕問題的發生，這對於自然產的媽媽，擔心因為要用力排便而影響到傷口疼痛，很有幫助喔！

另外我要提醒，待產媽媽大約每隔兩到三個小時左右，就應該去排尿。這麼做可以降低待產中骨盆腔的壓力，盡可能的幫助自然產更順利一些。不要因為待產需要下床上廁所不方便，就減少攝取水分或是少去廁所；也不要因為沒有尿意就不去廁所，如果待產過程中，有超過四個小時沒辦法排尿，一定要告訴護理人員喔！

四、媽媽跟寶寶互相給力的精神對話。

我總是告訴約我做產前教育的媽媽們，書我讀，然後淺化成以下的口語，讓媽媽懂我說話的內容意思。

足月了，媽媽的身體說：「好囉，我們約好的時間到囉！寶貝你差不多可以出來了。哇！我們終於要見面了！」

寶寶回答媽媽：「媽媽，我也想快點見到妳，可是外面有好多人的聲音呢，我不知道哪一個是妳呀？」

媽媽的身體說：「你一直住在媽媽滿滿愛的肚肚家裡，是不是一直聞到肚肚家的味道呢？」

寶寶回答媽媽：「有啊！住了那麼久，這是我最親愛、熟悉的味道囉！」

媽媽的身體告訴胎寶寶：「寶貝你放心，你只要記住這個味道，等你出來後，聞著這個味道就可以找到媽媽了，這個味道只有媽媽身上有喔！」

胎寶寶：「好，我愛媽媽，在天上選了妳做我的媽媽，為了我們能見面，相親相愛的讓妳抱緊緊，那我就勇敢的往前衝啦！」

真的！我一直很有感，覺得無論是經歷自然產或是剖腹產，對於一個一直被媽媽的子宮溫暖保護的寶寶，為了來跟媽媽愛相聚，媽媽在外面經歷著生產的過程，寶寶更是一個勇敢的小鬥士、小勇士，是多麼奮力勇敢的往外衝啊！

關於「媽媽的味道」

一、神奇的蒙哥馬利腺體

我們的乳暈上有一顆一顆的小點點，那叫做「蒙哥馬利腺體」，會在媽媽懷孕後逐漸的比較明顯，這是媽媽在孕期中為寶寶所做的準備在事項中，很重要的一項。主要的作用是產生天然油性潤滑液，有保護、潤滑乳頭、抗菌，保護乳房減少感染發生的功用。

二、寶寶都知道的氣味

蒙哥馬利腺體分泌的油脂，帶有媽媽賀爾蒙的味道，就是這個味道吸引寶寶知道您就是媽媽。寶寶會跟著這個味道找到他要吸吮的乳房。所以請記得，當寶寶要上來吸吮時，如我前文說過的，把乳頭對上寶寶的鼻尖，寶寶會自己探索找到含乳吸吮。

三、親子間最浪漫的約會

為什麼我會這麼說呢？我總是告訴媽媽們，寶寶是背包客呀！寶寶剛出生時自己從媽媽身上揹著兩到三天的糧食來的。新生寶寶頭兩天的哭，並不是在說「餓了」，而是要確定媽媽還有沒有在身邊。您把哭著的寶寶抱到您的乳暈旁邊就會發現，往往寶寶就安靜下來了，甚至於會試圖往您的乳房上鑽，要確定自己能夠跟您相親相愛靠緊緊。如果這時您還能讓寶寶直接吸吮乳房，那就是更完美的事情了。

寶寶這麼做不是為了要吃到奶水，而是吸奶博士急著要當練習生練功了呢！新生寶寶會哭也是一種孝順的行為，他在用哭哭話發出聲音告訴您：「媽媽我是健康的唷！」一聲不吭，躺在那邊一動都不動的寶寶多嚇人啊！媽媽讓寶寶吸吮乳房，經過吸吮、媽媽的懷抱，往往寶寶也就滿足了！放鬆了！寶寶會安穩地在您旁邊睡著。大約一些時間過後寶寶又在說哭哭話了，「媽媽我身體內部也是健康的唷！運作得很好，我又想過來吸吸媽媽的愛心飯飯了。」初期頭兩三天，寶寶一天要吸吮八到十二次，是很正常的，漸漸地很快的就會減少吸吮的次數囉，甚至於一天只要六到八次。

四、把握寶寶吸奶的金鑰匙

如果媽媽能把握住「寶寶在出生的三到五分鐘內，就能含上吸吮到媽媽的乳暈乳頭」這個黃金的時間點，就立刻啟動了寶寶與媽媽之間母乳鏈的重要連線，這也是寶寶人生的第一個成就感。而好的開始，就是成功的一半，錯過這個重要契機是非常可惜的事。

1 重要家人的陪伴、支持和協助很重要。

2 盡量放鬆心情，自然產請留意規律宮縮。

3 開始適度刺激乳房。

4 適度補充水分和熱量以及排尿。

5 不時跟寶寶互動、彼此精神喊話，加油鼓勵。

2 寶寶人生第一次與人合作

待產中的媽媽們，心情多多少少都會是五味雜陳的。陪產的照顧者，給予實質的協助與精神的支持很重要，在家中期盼等待的家人們，給與的精神力量也是無與倫比的。而此時，媽媽不妨跟胎寶寶說說話，跟寶寶互動、精神交流，在心裡想著或是用口說都行，為母則強呀！爸爸也記得隨時共助，給媽媽跟寶寶加油打氣唷！

（您們有注意到嗎？我這裡說的是「共助」，而非幫助；因為爸爸是創造寶寶的參與者，而不是在一旁提供協助的第三者，我們不能忽視，而且很尊重，爸爸絕對是能夠全責參與的重要角色。所以是共助，而不是來幫忙的。）

有了能夠與寶寶親子互相依附的感受與對話，不僅讓媽媽的心情比較平和，這也是給寶寶的鼓勵，我們母子、母女一起加油。這是實證，我不停的從帶著新生寶寶來到我身邊的媽媽們那裡聽說，他們照著我提醒的方法這樣做了，甚至還謝謝孩子那麼勇敢，謝謝孩子陪著媽媽又經過了一次宮縮，還告訴孩子媽媽也在加油，媽媽記得用正確的方法呼吸，媽媽也超級勇敢，就真的覺得子宮收縮的時間並沒有那麼難熬，真的是有子助力，為母則強啊！

閱讀了越多跟寶寶有關的書，我就越是明白了，主宰整個生產過程的人，不是醫生，而是寶寶。幾乎每個寶寶都知道自己該怎麼被生下來，怎樣來到這個世界上，成為媽媽的懷中寶。生產過程中，寶寶會幫忙，還會保護媽媽。家人們也可以讀一些跟「溫柔生產」有關的書籍、網路資訊，或者是從一些溫柔生產的醫師、助產師這些專家中獲得。在生產過程中，孩子能做到的、能幫忙的，超乎我們的想像。看著每一個來到我面前的小鬥士、小勇士，我真的是無比尊敬我的這些寶寶小老師們。真的，如果媽媽們及家人們能瞭解，就是相信孩子，交給孩子、讓孩子帶領著，那麼您將會經歷一個很美好的生產過程。

對於溫柔生產，我曾跟國際名師上過課，但僅是學習，並不夠深入，直到受到好朋友及周周孕產的周竹宜老師邀請，實際參與了周老師的溫柔生產產前教育，我超級被感動到，這裡也有請周竹宜老師簡單的告訴大家。

關於溫柔生產

溫柔生產（Gentle Birth）是提供「以婦女與家庭為中心」的持續性和個別化照護模式，無論是自然產或剖腹產，透過生產教育課程協助每個家庭建構從孕前到產前階段的身心準備，並在分娩、產後、哺育和育兒階段具有自主決策權和被尊重和的身心實踐，使母嬰與其家庭具有正向性的生育經驗。生育是世代傳承的歷程，而溫柔生產則是人格養成的初始點、是發育成長的根基磐石、是家庭健康信念的傳遞元素，更是在生育過程中身體的、生理的、心裡的和靈性的需求滿足。

當寶寶在天上選到了您當他的媽媽，要來給您當小孩時，這件事本身就充滿了祝福。生產的過程，就是寶寶人生第一次與人合作，跟媽媽一起努力，把自己生出來。所以媽媽呀！我們可以在經歷了每一次子宮收縮，產程又往前推進了一些的時候，告訴寶寶：「謝謝你，我們好勇敢喔，繼續跟媽媽一起加油，很快就可以相親相愛抱緊緊了。」這些話是我的舉例說明，您絕對可以自由發揮得更好，就是真心的相信寶寶，跟寶寶一起經歷這一次，開啟新生命樂章的歷程。

自然產的媽媽，有些會在產程到了一個階段的時候，要求生產醫院進行無痛分娩的措施，其實無痛分娩英文的原文是「pain control」，正確的翻譯是「疼痛控制」，多數是自控式減痛藥物的裝置，根據產程進展以及調控藥物的劑量，以持續維持減痛的待產過程。待產的家人們還是要保持一些警覺性，肚子裡的那個小人兒還在繼續努力著呢！媽媽也要記得，兩到三小時就要排尿的這件事，以免脹尿會影響到胎頭的下降喔。

3 媽媽的心肝小寶貝要來了

寶寶呱呱落地了，用寶寶最特殊的語言哭哭話，說出了他人生的第一句話：

「哇～～～～」

我來解釋寶寶這句話的意思給您們聽：

「到了！到了！媽媽我來了，妳在嗎？」

寶寶剛來到這個世上，對他來說，這完全是一個人生地不熟的地方呀！一切都是那麼的陌生，完全都是未知的。媽媽啊！別管醫生護士們在做什麼？包括：寶寶的出生時間、男女性別……等，醫院之後也是會白紙黑字的把出生證明開給您們呢！對寶寶來說，您們的聲音是他最熟悉的，初到這陌生環境的一刻，如果他能聽到您們對他說話的聲音，對寶寶來說，那就是如同天籟般的存在。

把握與寶寶初次見面的時光

因此，當寶寶呱呱落地的那一刻，媽媽可以在第一時間呼喚寶寶，用寶寶的胎名字跟寶寶說話。寶寶用哭哭話哇哇哭著說：

「到了！到了！媽媽我來了，妳在嗎？」

請您趕快回答寶寶：「小海豹，媽媽在這裡呢！我們見面囉！護士阿姨馬上就帶你到媽媽面前囉。」

最美好的一刻來了！醫生或護士把寶貝抱到您懷裡了！

恭喜！恭喜！終於見面了！

也許寶寶還在說著他的哭哭話，還在確定是您嗎？他的眼睛也許是閉著的，都不要緊，您看著寶寶的眼睛，向寶寶做個自我介紹吧！

「小海豹，我是媽媽，媽媽在這裡！」

「小海豹，我是媽媽，歡迎你！謝謝你來給媽媽當小孩！」

……

這麼多的點點點，就是交由爸爸媽媽們自由發揮吧！反正就是看著寶寶眼睛，向他自我介紹。別以為寶寶還看不見東西喔，寶寶的感知力超強的，眼神、眼光可是個事實喔！

想一想，我們都是成年人了，人生大事也經歷了不少，如果去到一個完全陌生、讓我們手足無措的地方，我們會是多麼的無助呢？如果這時有一個熟悉的聲音、熟悉的人在呼叫我們，讓我們知道，「放心！我在，我來接你了。」這是不是就如同聽到天籟呢？那是多麼有依靠的事情啊！所以，讓您們的聲音成為寶寶誕生後聽到的第一聲天籟吧！這是一件多麼有意義又美好的事啊！

如果爸爸跟媽媽的規劃是，爸爸是能夠陪伴媽媽進入產房的話，現在很多生產醫院會同意讓爸爸為寶寶斷臍。如果您們的產院是可以的，爸爸可以事先與醫護人員溝通好，在醫護人員的指導下，配合產房的無菌管理，爸爸就可以參與這件事了呢！之前，我還在做開刀房跟產房時，總有爸爸因為能經歷這一刻，感動到是紅著眼眶離開產房的，在那個還沒有疫情的時代，有些爸爸在產房外面跟阿公阿嬤報平安時，講話的聲音還是哽咽著的呢！讓一切「從愛開始」，日後回想來都是美好呀！我在產後機構（月中）就常聽到超級神隊友爸爸，手舞足蹈、眉飛色舞跟我形容他的這一番經歷。恭喜爸爸了！

寶寶人生的第一口飯

我也請爸爸媽媽留意，如果可以的話，事先就跟醫師與護理師溝通好，請護理師別急著抱走寶寶，甚至讓寶寶留在媽媽的懷裡，讓寶寶跟媽媽的肌膚多接觸一些時間，甚至可以一起離開產房就更棒了。

另外要哺餵母乳的媽媽們，再次提醒，可要記好了，寶寶產出後五分鐘內就能吸吮乳房，對成功哺餵母乳是有絕對的助益。當寶寶成功含到乳房、啟動第一口吸吮，就會產生很大的成就感。

每次我看到剛出生的寶寶在媽媽身上邊哭邊找乳暈乳頭，直到一雙小手碰到媽媽乳房、捧著乳房，再用嘴巴東點點西點點地找到乳頭乳暈含上，馬上就不哭了。然後，寶寶含了幾口後，就會抬頭看媽媽的模樣，我的心總是會被這個畫面融化，覺得寶寶真的是太神奇中的神奇了！相信媽媽您的感受一定更為強烈。而且一出生就能含上乳暈乳頭，對寶寶來說，會產生很大的安全感，因為他知道媽媽就在身旁。

我總是跟媽媽們說，寶寶用自己的吸吮本領吃到的第一口飯很重要。而且，對於初來乍到這個世界的寶寶來說，媽媽的懷抱絕對是最安全最美好的地方了。

第三部

產後黃金七十二個小時

寶貝人生的第一個與人合作

從寶貝呱呱落地能疼惜的抱在手裡的那一刻，從最初開始的七十二小時，也就是產後的頭三天，是奠定新生寶貝很多面向的關鍵期。

新生寶寶行為能力很差，需要我們完全地給予照顧，但是感知能力很強，周圍的氛圍是什麼樣的感受，其實孩子是整個展開感受力去吸取的。所以在最初的這個階段，能傳遞給新生兒寶貝一股正能量，對寶寶的感知是很有意義的。

這股正能量看不見、摸不著，但是媽媽能付出，寶寶能接收，實際的做法就是讓新生兒寶貝待在媽媽的身邊，因為與媽媽每天的親近而逐漸熟悉的親密感，寶寶可以感受著媽媽帶來的安全感、溫暖與照顧懷抱，而這就是親子間的愛呀！

我總是告訴那些來找我諮詢孕晚期生產教育與哺乳前導的媽媽們，從寶貝呱呱落地抱在手裡的那一刻開始，這黃金的七十二小時，是進入了「讓一切從『愛』開始」的重要接續。請好好把握喔。

1 寶貝人生的第一個成就感

從十月懷胎到娩出，無論是什麼生產方式，媽媽和寶寶之間，持續都在進行著交流、溝通、思考與能量的轉移。我必須要告訴大家，俗話常說：「三歲看大。」一是個事實喔！嬰兒的成長有口慾期、肛門期、性蕾期，差不多到三歲，一個孩子的個性就有了基本的雛形。而口慾期就是開啟最重要的第一階段，剛初生的小寶貝，不是用眼睛來感知他身處的這個世界，而是用「嘴巴」。藉由能夠依賴媽媽的乳房張大口含乳、賣力的吸吮、滿足地吞嚥，而在我們當家長的，要提供給孩子的，就是一個不斷練習、學習含乳、吸吮的機會，藉由自己不停的學習而熟練，進而能把自己餵飽了，對寶寶是意義非凡的人生第一個成就感呢！

我們常提到跟孩子的肌膚接觸、親子依附，其實同時寶寶也可以從爸爸媽媽身上得到環境益生菌。（提醒：爸爸也可以唷！）而這也是寶貝人生的第一份益生菌，爸爸媽媽超簡單的就可以給了。

新生寶寶剛來到這個世上，人生地不熟，一切都是如此的未知，如果我們自己到了一個完全陌生的環境，應該也是會覺得緊張或者是忐忑的，哪怕是出國到一個陌生的地方去玩，也會這樣。這應該就是人的本能，所以當小寶貝從媽媽溫暖的子宮內，出來換到新環境，成為一個獨立的個體，此時就處於非常「渴望吸吮」的階段，也藉由能頻繁的吸吮得到最大的安全感。這也就是我說的，媽媽要多給寶寶機會，與寶寶多肌膚接觸和含乳、吸吮的原因。我自己本身就是碰到緊張、困難、成就……任何感覺都要靠吃來解決的人，您是不是也有同樣的經驗呢？

我們總在提跟新生寶寶的肌膚接觸，因為好處實在是太多啦！網路上隨便打個關鍵字，真的都是很不得了、錢買不到的好。例如：讓新生寶寶情緒、血壓、體溫穩定，比較安穩而減少了頻繁的哭泣；媽媽的味道跟聲音帶來的安定力量；小寶寶的貼身接觸、含乳、吸吮，有助於子宮收縮，幫助媽媽產後恢復；媽媽跟爸爸長期所處的環境，帶有已經適應環境的環境益生菌，寶寶很快就會跟著爸爸媽媽回家，快點讓寶寶有機會到媽媽身上來，也藉由肌膚接觸增加了寶寶的環境抵抗力。還有親子依附、情感的交流，媽媽爸爸跟小寶寶之間很快就建立起了親密的鏈接，好的開始是成功的一半不是嗎？……不停的點點點，是要告訴大家好處又何只這些呢！

當今因為整個社會型態的多樣化，哺餵育養寶寶的方式也就很多元了。我必須很誠誠懇懇地提醒的是，無論是因為任何一個因素，用母乳、配方奶，用任何方法去哺餵、育養小寶寶，都必須讓孩子感覺到愛，能夠有被愛的溫暖與安全感是很重要的。

所以從生產後黃金期的七十二小時，延伸到之後的每一個時刻，對您跟孩子之間都是很重要的，寶貴的、珍貴的新生命誕生了！這可是開了弓就沒有回頭箭的呢！我常聽到一些嬰幼兒相關的專家們，或者是心理醫生們會提到，新生寶寶的第一年是完全依賴屬於我們的，在新生寶寶的第一年，人格發展、意識感知、品格定向，都有了基本的雛形。等寶寶漸漸長大了，會被各種事物及周圍的環境吸引，有了自己的意念，就不會那麼甘願的只是被我們懷抱著了！所以爸爸媽媽們，從黃金七十二小時啟動的每一刻，都是爸媽和寶寶最重要的黃金期間。

在當今資訊爆發的年代裡，育養新生小寶寶，各方向的知識、資訊都很多，在這兒我也將這幾十年，臨床協助父母、寶寶、家庭成員的心得、成效與大家分享，希望也能夠對您們有所幫助。

2 何時有母乳？大軍打仗糧草先行

歷年來，被我的婦產科醫師好朋友邀請，希望能夠幫助那些親餵寶寶吃母奶的產婦，順利地開展母乳之路，所以請我在產後二十四小時到四十八小時裡，即與媽媽面對面做產後的母乳諮詢與協助，並且辦理孕期親子哺乳教室，讓廣大的孕婦媽媽們都能夠知道餵母乳的好處，再從生活因素中去做自己的選擇。我的婦產科醫師長輩好朋友中，婦幼的陳先正院長與王年浩醫師就是其中我最尊敬的兩位。

每次我去關懷剛生產完的媽媽，自我介紹的寒暄後導入正題，我便會問媽媽：「寶寶來吸過母奶了嗎？」

媽媽們經常給我的回覆：「還沒呢！我的奶還沒來。」

我總會跟媽媽們說，「母奶已經在乳房裡了，是要靠寶寶吸，就能被吸出來的，放著過度充盈了，就很有可能會變成脹塞硬痛的乳房囉。」

如果當天初產泌乳諮詢的媽媽不多，我會更細節的跟媽媽解說：「大軍打仗糧草先行，如果我們考上了大學，要到外縣市去讀書，一定會先打包好行李，用托運的、把行李運送到目的地，等自己到了當地，再把行李領取出來。」

「所以寶寶快生了，就會先啟動泌乳機轉，如果是順應的自然生產，其實往往在寶寶出生的前兩三天，乳汁就已經逐漸開始分泌了。只是一般我們並沒注意，沒有先知道。」

所以，期待能夠餵母乳的媽媽，好的開始是成功的一半！我再次建議，請跟生產的醫生約好，寶寶出生的五分鐘內，就讓寶寶上來乳房吸吮吧！這是幫助您啟動最順暢的母乳泌乳機轉，也是給寶寶藉由吸吮靠近媽媽的乳房，認知是可以跟媽媽在一起的定心丸，而且這是初來乍到這個未知世界的寶寶，最大的依賴呢！

所以，各位媽媽們，您一定要順勢讓寶寶發揮他天生吸奶博士的功力，讓寶寶從吸奶練習生，因為吸吮的練習多，把吸奶博士的本事發揮出來，才是上上之策。

當然！現今社會、家庭、工作、自身，因為各種因素的考量，只能短期或者是無法母乳哺育的，也大有人在。請您放輕鬆，沒關係的。重要的是我們把握住，依然把愛的接觸與訊息，藉由親子依附，像是：讓寶寶常常能靠在媽媽身邊、聞著媽媽的味道、感受著媽媽的撫觸、聆聽媽媽關懷和愛的話語……這樣親子之間一樣可以有穩定的親密互動，當然寶寶也會感知得到自己是在愛與安全之中成長著。

提醒一：寶寶是背包客，初產時從媽媽身上，有帶著頭兩三天的糧食來的，如我前面所說，哭！不是因為肚子餓，是要確定自己在媽媽身邊，或是告訴您：「我要找媽媽，讓我聞到媽媽蒙哥馬利線體的味道吧！」

提醒二：初生寶寶的胃很小，如果是餵母奶，全心全意地讓寶寶自己吸吮，達到供需平衡。除了親餵，醫院建議補充配方奶的需要，也請由少量開始，別一下子就把寶寶小小的胃撐大了！如果我們是要給寶寶哺餵配方奶的，頭幾天也請由少量多餐開始。

3 嬰兒主導式餵食：親餵

現今有越來越多的專業醫護人員和親密育兒的人士，倡導「嬰兒主導式餵食」。我在這裡也把「嬰兒主導式餵食」做一點小小的說明。

「嬰兒主導式餵食」分為主導式的親餵與主導式的瓶餵。

我在產後機構常常會見到，每當媽媽要親餵，把寶寶抱來靠近乳房的時候，就會收緊肌肉聳著肩膀，嘗試著各種角度，就為了能把乳頭塞進寶寶的嘴巴裡。其實媽媽們可以不用這麼做，您可以把肩頸放鬆，好好坐在讓背部有依靠的椅子上，讓寶寶來靠近您。您只要讓乳頭對著寶寶鼻尖的位置，寶寶就會自動地抬頭含上去囉！

初期時，母嬰都還不熟練，寶寶可能會搖頭晃腦騷動一會兒，請等他一下吧！讓寶寶鼻尖對著乳頭的位置，自在的探勘著找一找，寶寶會順著蒙哥馬利腺體的味道，找到乳頭跟乳暈而含上去的。所以是「讓寶寶自己主導來找，而不是媽媽頂著身體塞上去給寶寶吃的」。剛開始也許寶寶不是很熟練，多給寶寶機會學習吧！

嬰兒主導式的親餵，就是寶寶吃飯有他自己的節奏，當他吸吮了一會兒，就可能停下來喘息歇一會兒。我們吃飯時，一定都希望氛圍是輕鬆的、不要趕、不要有人在後面催促著吃快一點，搞得氣氛很緊張，寶寶也是這樣的。我們喝水時，喝了幾口會把瓶子拿開來喘息歇一會兒，寶寶也是這樣的。所以在親餵寶寶的過程中，寶寶間歇的停下來一會兒，別趕著催促，我們等他一下，不久後寶寶又會開始規律的吸吮起來。因為這時候寶寶的眼睛常常是閉著的，而讓媽媽誤以為寶寶吸幾口就睡著了，而把寶寶抱開，結果不久後寶寶又餓著用哭哭話喊媽媽了，所以請等寶寶一下吧！有時候寶寶是真的睡著了，如果媽媽在餵奶前就讓寶寶餓哭著，寶寶真的有可能是會容易睡著的喔，如果媽媽等了幾個呼吸的間隔，寶寶依然沒有動作，媽媽可以用幾個動作跟語言呼叫他一下。

前面我說過親餵的寶寶，如同在跑馬拉松一般，使勁了全身的所有力量認真的在吸吮吃奶，寶寶會跑得全身很熱的，而且跟媽媽貼在一起，體溫交互下就更熱了，所以保持空間涼爽是很重要的。所以要寶寶能夠順利親餵的其中一個條件，就是「環境要涼爽、不悶熱」。

另外，您相信嗎？其實媽媽常常就是催眠師呢！頭幾週的新生寶寶一天的睡眠，大約要十六到十八個小時。親餵吃奶時，寶寶是靠著貼在媽媽的懷裡，溫暖加上舒適，又吃了一會兒的奶，好像寶寶總會很快就睡著了！我常會開玩笑的跟媽媽說，「因為您在旁邊搗蛋啊！」

如果一個人要接受催眠，催眠師會拿一個鐘擺，在被催眠的人眼前固定頻率的晃動，而導使一個人進入催眠的狀態。而媽媽親餵寶寶時，因為疼愛的心情，總是把那騷動的小手，固定頻率的在小寶寶的身上或小屁股上，溫柔的拍動。總有那麼幾次被我看到的時候，我會開玩笑的請媽媽做安撫寶寶，輕拍寶寶幫助讓寶貝睡覺的動作給我看，媽媽才驚覺，她在給寶寶親餵時，跟希望讓寶寶能夠睡覺時用的是一樣的動作呢！開心地問媽媽一聲，是不是在搗蛋呢？

所以，媽媽在親餵的過程中，「多使用語言和寶寶互動交流吧！」當寶寶在認真的吸吮時，媽媽可以說：

「小海豹棒棒的唷！自己在認真的吃飯。」

「噢！小海豹睡著啦！媽媽摸摸左邊耳朵提醒喔！媽媽摸右手手提醒喔！媽媽摸右腳丫提醒喔！認真喔！……」

這過程中您提到的認真、睡著、提醒、耳朵、右手、右腳……一再重複的向寶寶介紹，這些語詞跟他行為的交互關係，這些行為跟他身體器官的共通性，讓寶寶懂得了一些行為，跟身體的器官對應。我們一直提到寶寶的感知性很強，孩子開始認識環境認識外界，最早就應該從認識自己身體的器官開始。如果在餵食中，我們較少使用到語言感情的交流，而總是用固定頻率的拍撫，也是讓寶寶容易睡著的原因喔！

雖然寶寶天生就有吸吮的本事，已經是吸奶博士了，但新生的小寶貝還是練習生階段哪！所以我們要評估時間，提早把寶寶抱到身上，讓寶寶的鼻子靠近乳房，哪怕是寶寶仍在熟睡中，他還是會挪動鼻子聞一聞，伸出舌頭舔一舔。您會很驚喜發現的是，寶寶還會自己含自己吸起來了。不要等到寶寶已經餓到都哭喊了，才抱上來給寶寶吸吮，「餓到哭醒」已經是寶寶飢餓訊息表徵的最後一個步驟了。

我常在臨床上跟媽媽開玩笑說，人家就已經餓到馬上就要端著飯吃了，我們現在才來教人家（寶寶）插秧、種稻、學習吸吮吃奶，已經很飢餓的寶寶怎麼來得及呢？

正確含乳好姿勢

1 乳頭對鼻尖，寶寶會自己仰頭找。

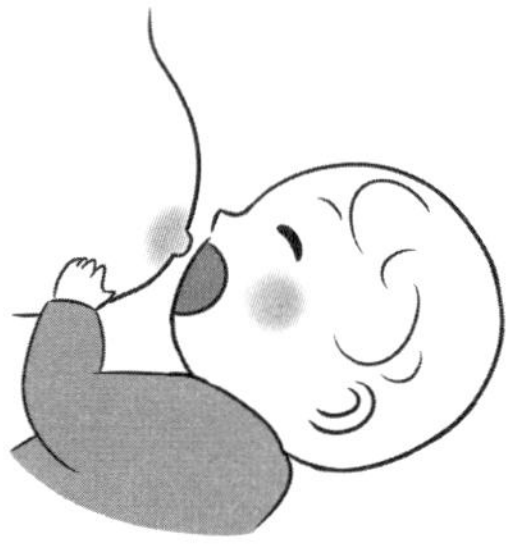

2 下唇外翻，下乳暈含得比上乳暈多

哇！寶寶自己找到、含上了！

✕ 只含住乳頭

關於「寶寶的飢餓訊息」

寶寶與生俱來有很多的身體反射，這些反射能幫助我們更好、更容易的照顧寶寶。當寶寶餓了，就會有一些表情跟行為動作。在此我把寶寶的飢餓訊息分成幾個步驟：

1 評估吃的時間快到了，寶寶會開始動一動，抬抬頭、伸伸脖子……（也有可能一會兒又不動了繼續睡著。）

2 扭動的更明顯了一些，會伸伸舌頭或舔舔脣。您仔細點看，寶寶閉著眼睛的眼珠子也開始在動了呢！

3 尋乳反射來囉！嘴巴會跟著臉頰往左歪歪找找，往右歪歪找找，如果臉頰邊正好有一個毛巾或什麼會碰到臉頰，他更是嘴巴會歪往那個方向找。我餓了呢！飯在哪裡呀？

4 前三個步驟都過了，怎麼還沒有人看出來我要吃飯了呢？這時寶寶會把小小的身體用力地硬挺起來，然後小拳頭握得緊緊的，用整個身體來表達「我現在要吃飯的需要」。如果寶寶還是被包巾包著的話，會找個小

5

縫隙把握緊拳頭的小手伸出來，好像在舉手告訴您：「Hello！這裡有人餓了要吃飯囉！」

前四個步驟都過了，居然還沒有人來呼應這小傢伙的需求，我們的小寶貝就拿出絕招囉！一、二、三，開始哇哇大哭了。

「我要吃飯了，我媽嗎呢？您們人呢？哇～哇～哇～」

（我們注意聽喔！哭聲多數是：「餓了！餓了！餓了！」……如此連續不斷的，或者哭聲是：「媽～！媽～！媽～！媽～」）

這就是寶寶在說哭哭話，告訴我們寶寶肚子餓了要吃飯了呢！這時如果有人回答寶寶：「唉唷！我都沒看到時間到了，小海豹肚子餓了啦！對不起！對不起！媽媽來給你餵飯飯了。」您會發現，寶寶哭的音頻有了些微的改變，尾音會帶有著一些E的音，那是寶貝在撒嬌的跟您說：「快一點嘛！我很餓了呢！」

乳房隨著機轉分泌乳汁，收到媽媽要親餵的訊息，便開始湧動起來了，如果是已經餵得很順利的，乳汁總是能自然地滴出來。哺乳初期或是乳汁有待成長的媽媽們，在親餵前心情放輕鬆，用「期待能抱寶寶餵奶了的心情」，用手指前端輕輕的拂動、撫動、抖動乳暈及乳房一會兒，這麼做能讓您泌乳比較順暢喔。

4 嬰兒主導式餵食：瓶餵

嬰兒主導式的瓶餵跟親餵一樣，以寶寶的需求、進食意願，配合寶寶自己吸奶的頻率，讓寶寶自己主動性的吸吮吃奶為主，讓寶寶能夠舒服的依照自己的節奏進食的過程。

媽媽請不要常常的扭動、搖晃⋯用催促的感覺來餵寶寶吃奶瓶，有些照顧小寶寶的人，會把能讓孩子快速的把奶吃完，當作是自己很棒很得意的事，這是不對的。寶寶用奶瓶吃飯，也有他自己的節奏，一樣是吸吮跟間歇喘息一會兒，然後再繼續吃。

嬰兒主導式瓶餵雖然無法與親餵相比擬，但是也是讓寶寶仿效親餵，以更貼近自然的方式進食。關於嬰兒主導式瓶餵，網路上有很多相關的文章以及影片，家長們可以找來參考看看。我建議您們，用嬰兒主導式瓶餵的心態跟方法來餵食寶寶，會讓寶寶容易有比較穩定的性情。

我要特別強調的是，請把寶寶抱的比較像是坐姿，像是坐在餵奶照顧者的腿上，由照顧者抱持著寶寶的整個背脊，或是張開整個手掌，輕柔的托住寶寶的頭、肩、頸以及上背。留意奶嘴頭前面有奶水給寶寶吸吮，不是一直吸空氣即可，而不要讓寶寶是躺著的睡在臂彎裡，讓奶水全部都傾向於奶瓶的前端，促使寶寶會吃得很快。而這樣快速的吃，就會容易讓寶寶溢吐奶囉！所以在親子母嬰教室課堂裡，我都會用開玩笑的方式提醒媽媽們，「要平平的餵寶寶吃奶，而不要是像過去比較傳統的瓶餵法，是躺著的餵奶，這叫拚命吃。」

以下，我列出幾個瓶餵小提醒。

1 我們可以親密的撫摸寶寶的臉頰，跟寶寶說我們愛他、或任何你想跟寶寶訴說的言語。但是問寶寶餓不餓的話，請不要用我們的手指頭，去點寶寶的臉頰或嘴角。要探測看看寶寶是不是餓了，要點「寶寶的人中」，這裡叫做寶寶的「飢餓反應位置」，點一點人中的飢餓反應位置，「小蘋果餓了沒有啊?」寶寶如果餓了,就會張大了嘴巴,仰起頭追尋您的手指。碰臉頰是試探寶寶的尋乳反射,所謂反射就是自然的發生,而不是我們去點臉頰或嘴角,讓寶寶將頭轉左或者轉右,老是搖著頭以為奶嘴頭在左邊或右邊,而得到錯誤的學習。

2 有穩定而愉快的性情,不是寶寶能夠保持安靜就好,這兩件事是不一樣的。

3 有的時候,媽媽在照顧寶寶的過程中,需要為寶寶做的事好像都做完了,餵過奶了、拍完嗝了、尿布是乾淨的、也沒把寶寶熱到煩躁……但是寶寶卻並不睏倦,還是哇哇的哭著,說著他的哭哭話,這時候媽媽可以摸摸寶寶、跟寶寶說說話、挪動一下寶寶的身子,或是把寶寶側身到另一邊,如果您家的寶寶已經有吃奶嘴的習慣了,也給她吃著試試看能不能安穩下來?如果都沒有用的話,把寶寶抱成直立的靠近我們的身體,再給寶寶如同拍打嗝一樣地撫摸輕拍背部吧!也許寶寶是在感情上需要得到滿足,亦或是真的有點小脹氣需要我們幫忙拍出來。

還有一樣很重要的不能漏掉，往往寶寶不是因為有生理有需求，就讓寶寶靠近媽媽的身邊，聞到媽媽的味道，寶寶就能夠安穩下來囉！有時候寶寶已經吃飽了，但是讓他靠近媽媽的乳房，他吸吮沒幾下也會安穩下來囉！寶寶就是需要這一份感情跟慰藉呀！

4 在這裡，我也要提醒照顧者注意，如果瓶餵寶寶的時候，寶寶正因為焦急的要吃到奶而在哭泣，點了寶寶的飢餓反應，將奶瓶嘴放入寶寶的口腔裡時，先讓奶嘴的前端是沒有奶水的，「先不要讓孩子吸到奶水」，因為寶寶正在一吸氣一哈氣的哭著，如果正好奶瓶嘴的流速偏大，而寶寶正在吸氣，也有可能會嗆咳喔！所以我們要等寶寶先空吸兩三口，口腔呼吸與吸吮的共濟協調穩定了，再讓寶寶吸到奶水。

5 若總是常常讓「寶寶餓到焦急的哭了，而且哭到很急切，媽媽或照顧者才抱寶寶起來餵食」的話，寶寶也比較不容易常態的情緒穩定喔！

6 根據我長期的臨床觀察，如果寶寶經常在發出飢餓訊號時，總是要等待比較久的時間，才能夠得到飽足的話，就會需要花比較多的時間，才能正確含到乳頭或奶瓶嘴。那是因為寶寶會焦急地搖頭晃腦找來找去，我們大人如果很焦急時也會失去方寸、忘記正確的方向，不是嗎？

○平平的吃

✕拼命的吃

5 寶貝小小的胃，別吃撐了

我在臨床上常會遇到爸媽與阿公阿嬤，或是其他的寶寶照顧者，會以為「寶寶哭」，就代表「寶寶餓了」，愛寶寶的心就會急著想要趕快餵寶寶吃奶，甚至會有疑問？怎麼才吃了不久又餓了，寶貝的食量好大呀！我們要反向思考，有時是不是因為吃多了吃撐了，寶寶才顯得不舒服呢？如果總是把寶寶餵得很撐，寶寶會學到一件事，如同我們大人在拚命吃吃到飽一樣，總是到吃撐了才以為自己吃飽了，這對寶寶的腸胃不是一件好事。

我在臨床上有碰過，照顧者給兩個多月的寶寶一直加奶量，已經吃到遠遠超過寶寶身體發展的需求量了，造成寶寶很容易溢吐。後來還有去看醫生，調整胃食道逆流的問題。直到父母找到我，經過觀察和評估才把奶量調整過來，也才得到了一個超級可愛、情緒安穩、夜晚比較容易安睡的寶寶。我還是要嘮叨的提醒一句，跟嬰兒主導式餵食很有關係喔！

※提醒：寶寶加奶量，請以「五到十毫升為單位」漸增，並且是以數天為一次增加。我們家的寶寶是不是真的需要加奶量，媽媽也要仔細觀察，加了奶量以後是不是容易溢吐了，也是要注意的。

在產後機構我們也會衛教家長，「怎麼看寶寶需要加奶量了呢？」都是採親餵的寶寶比較沒這個問題，混合哺餵或是瓶餵的寶寶，就要學會知道寶寶必須要加奶量的表徵。如果寶寶已經有幾次總是提早肚子餓，而餵食過後又總呈現沒有飽足的樣子，就可以評估、考慮給寶寶增加奶量了。

但我還是要提醒家長們跟照顧者，如果寶寶在這一餐中、餐後或兩餐之間，有便便了，下一餐就有可能會提早餓唷！所以這一個因素也要考慮進去。

配方奶粉的罐子上有標示寶寶攝取量的計算公式，大部分是一公斤體重乘以一百五十毫升的一天，再除以一天是吃幾餐，得出來的數據大約就是一餐的量，但是我要提醒，如果寶寶是餵母乳的話，就不適用這樣計算囉！而是「由寶寶來決定要喝多少」。如果媽媽真的需要有個數據，配合親餵母乳也會用到奶瓶餵食，可以抓一公斤體重乘以一百二十毫升即可。

若媽媽們或照顧者是親餵又有奶瓶餵寶寶吃奶，請從「SS小孔洞的奶嘴頭」開始使用，避免寶寶可能會因為奶瓶奶嘴孔比較大，太容易吸吮到奶、或是喝得太急，而發生溢、吐、嗆。又或者因此產生乳頭混淆，影響了寶寶的哺餵。

寶寶出生後胃的大小

一到三天	小彈珠（5cc～10cc）	
四到七天	乒乓球（20cc～30cc）	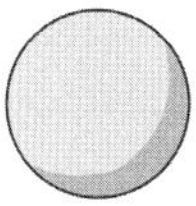
八到十五天	雞蛋（60cc～80cc）	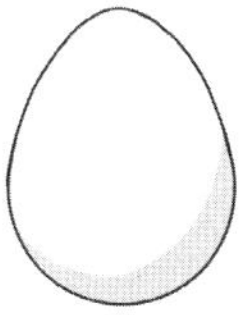

6 寶寶一哭，就是餓了？

前文我有提過，寶寶哭不一定代表餓，媽媽要能看懂孩子的飢餓訊息與尋乳反射。如果每次寶寶哭，媽媽、爸爸，或者家裡的阿嬤，就覺得寶寶餓了要餵奶，或者馬上就抱起寶寶，除了把寶寶的胃撐大之外，也容易養成寶寶什麼事都用哭來解決的習慣。另外，若媽媽只用一、兩個方式去滿足寶寶，反而錯過了多多跟寶寶互動的機會。

我經常跟媽媽說，孩子是「蝸牛」。蝸牛的動作很緩慢，我們必須要很有耐心地等待，給寶寶機會表達自己。即使寶寶就是想要人抱，我建議媽媽也不要立刻就抱寶寶，媽媽可以先用雙手輕撫寶寶，並跟他說說話。例如：

「寶寶哭哭了，要媽媽抱啊？」

「這樣啊！讓媽媽看看寶寶可愛的臉。」

「你要什麼跟媽媽說，媽媽聽聽看你要什麼？」媽媽從一開始，就要試著讓寶寶懂得「等待」。

另外，有時寶寶睡覺睡到一半，也會突然哭。這是因為寶寶的睡眠有它的睡眠機轉，在淺眠與深眠的轉換中，寶寶可能會發出嗯哼、掙扎或是啼哭聲。這時，媽媽若是一聽到寶寶哭馬上就抱起他，反而打擾了寶寶的睡眠。我建議媽媽，先觀察寶寶的需要是什麼？再用聲音或者雙手去安撫寶寶，當然！如果有必要，還是必須抱起來的。

若寶寶是側躺著睡，睡到一半哭了，有可能是身體的一邊壓久了，需要換邊睡。這時，媽媽只要幫寶寶翻身到另一側，把寶寶重新擺好位置，該包的毛巾包上、該夾的毛巾夾上，這樣寶寶很快就能好好地睡了。媽媽可以再摸摸寶寶的頭、耳朵，一邊跟他說：「好，你繼續睡喔！等一下餓了，你再叫媽媽喔。」

7 安撫寶寶的「同頻共振法」

除了拍背打嗝之外，我通常會建議媽媽一種安撫寶寶的方式，我在臨床教媽媽時，會說這是一種「同頻共振」。

媽媽把寶寶抱起來之後，不是只用手臂搖晃寶寶，或者身體上下抖動寶寶，正確的方法是：媽媽的身體要輕輕的左右搖動，這樣在媽媽懷裡寶寶也就會跟著左右搖動，所以是媽媽或其他照顧者在搖曳，而不是抖晃寶寶。

媽媽也可以抱著寶寶往前慢慢的走個五步或十步，再微微往下蹲一下。走一陣子之後，媽媽可以找個有靠背且舒適的地方坐下來，然後繼續輕慢的左右搖動著上半身。

而這樣的安撫方法，就能達到媽媽與寶寶的同頻共振喔。網路搜尋5S安撫法，會有很多相關的影片與解說。

媽媽在抱起寶寶時，有兩點我要請媽媽們多加注意。

第一點，您試試看，寶寶通常比較喜歡趴在大人身上「被直立抱」。

第二點，媽媽抱寶寶的時候，先彎身讓身體與寶寶是平行面，再一手扶好寶寶後腦勺的頭、肩、頸、上背，另一手抓扶著寶寶一側大腿末端的小屁股，把寶寶抱起來，讓寶寶順勢貼在我們的身體前面，再跟寶寶一起直起身來。

媽媽站著抱

媽媽坐著抱

8 嬰兒哭哭話——聽懂「嬰」語，爸媽不慌張

嬰兒雖然不會說話，但他們會用聲音來表達情緒與需要。因此，在我的字典裡，沒有寶寶哭、鬧、吵這件事，這個鍋寶寶可不背，寶寶只是在講他的「哭哭話」呢。

面對發出哭聲的寶寶，我都會回應他。雖然常常不知道寶寶在講什麼？但就是憑著一直以來的經驗、比較懂寶寶需求後的直覺，跟我的一顆真心，當下就比較容易心領神會，感覺得到寶寶會想告訴我的是什麼！或是我想告訴寶寶的是什麼！真的有用喔！寶寶是孤獨的一人世界呢！總是渴望著有人能交流、能互動，所以就依著心裡想要回答寶寶、跟寶寶說些什麼，就愉快的跟寶寶說話互動吧！

我很喜歡做這件事，謝謝我的小老師寶寶們常常會給我回應、給我表情、給我寶寶釋出善意的眼神、眼光，天天都跟院內的寶寶與媽媽們在一起，總是會從

爸爸媽媽哪兒，得到怎麼那麼不可思議的反應。其實只要大家跟我一樣，敞開自己真心真意地用情意跟寶寶們相處，你也會得到一樣的結果，神奇著呢！

例如，有時候寶寶聽起來像是在嘮叨，咿咿嗚嗚的說個不停，我就跟他說：「真的唷！好的，阿姨知道、阿姨知道。對不起！對不起！阿姨也還在學啊！好喔！好喔！謝謝呀！我也很喜歡你唷！」

有時感覺寶寶像是在跟我要東西或交代事情，我便回應：「好好好，阿姨知道了，明天就去買，明天就會去買。」

我們會發現，越是跟寶寶互動，寶寶就會咿咿呀呀說得越多，他的表達能力也會越強。所以我常說：「哭哭是在養本事呢。」

有些大人很怕寶寶哭，一聽到寶寶哭，就希望能夠想辦法趕快讓寶寶停下來不要哭。但是也該給寶寶有機會發表一下高見，說說寶寶特有的語言哭哭話啊？寶寶哭了，媽媽們或照顧者何不就試著回答寶寶，而且在回應的同時，也評估寶寶是否身體有需要。有時寶寶只要你多抱抱他、多跟他說說話，讓他知道我們好愛他、多多撫摸寶寶、做眼神跟眼光的交流。我們只要願意試著走到寶寶的感受裡面去，也就會很有機會有所領悟了。

不過，照顧嬰兒這麼多年來，我大概也歸納出寶寶們的「嬰語」與肢體語言，所代表的意思：

1 哭聲像鋸子的齒一樣，是連續的發聲，哭聲短而急，而且寶寶雙手握拳、撐直或踢著腿，多數是代表「寶寶餓了」。

2 閉著眼睛、手掌是放鬆的哭，哭聲裡有一點煩躁感，代表「寶寶想睡覺，但是睡不著呢」！寶寶也是失眠族群裡頭的一員喔！這種情形也經常常發生在夜裡。若總是要等到寶寶已經餓醒，告訴家長或照顧者我已經餓到醒來在哭了，才能夠得到奶飯飯，這類的寶寶就會想睡但又不敢睡而哭囉。

3 顯得躁動不安，把頭會撇開，也無法安穩的睡著，有時還會發出哼哼唧唧的聲音，代表：「寶寶吃太飽囉！」

4 每個寶寶都有他的氣質，有些寶寶超級愛乾淨，尿布濕了沒換，就會哭鬧不休，直到換乾淨尿布為止。而有些寶寶會是拉臭臭、屁屁黏呼呼了，就會哭鬧不休的叫大人，該給他洗屁股了。

5 吃喝跟拉撒對寶寶都是重要的事，寶寶腸胃還不成熟，所以腸胃是敏銳的，脹氣不舒服無法安穩，便便走到一個位置，該要拉臭臭卻還沒拉出來，寶寶也會急得煩躁的哭個不停，寶寶會一邊哭一邊蹬腿，有時拆開尿布會看到寶寶肛門口一直在用力。

6 寶寶不舒服的哭，媽媽怎麼哄幾乎都沒有用的，這時先多方面觀察看看，寶寶是不是哪裡不舒服？必要時就該就醫囉！

7 還有寶寶被熱到也會顯得煩躁，無法安穩或安睡。基本上，寶寶的臉看起來像在三溫暖蒸氣房待過了一樣，顯得紅通通，而腳卻涼涼的，甚至於不但是涼涼還濕濕的，那就是寶寶被熱到囉！最常見的會是摸寶寶的背後，顯得濕汗就是寶寶熱到囉！

總之，「哭」是寶寶表達自己感受與需求的一個管道，寶寶想做什麼、要什麼、現在的感覺是什麼？經常都是透過哭來表達。我們要給寶寶表達自己需求的機會，這也是寶寶跟我們交流、互動的一種機會喔。

9 媽媽不擔心，是娘就有奶

前幾天，產後機構裡來了一位媽媽，是明顯對於疼痛的感受比較強烈的，她進來的時候幾乎是爸爸抱進來的，媽媽都不太敢動。還好有「生物哺育法」，亦稱為「生物滋養法」，這是一種很棒的餵奶姿勢，就是微斜高上半身，把媽媽的背部墊高一些，讓媽媽可以躺著不用起身、讓寶寶趴在媽媽的胸前吸奶。

我工作的產後機構有兩位媽媽先後隔一天入住，先進來的媽媽，一直有很多想法，給了自己很大的壓力，連帶的也影響到奶量提升的很慢。晚一天進來的媽媽，她的奶量卻是爆衝的，逐日的奶量超級多，我們一直在衛教媽媽要降低泌乳量。

這兩位媽媽的房間是相鄰的。當媽媽們不約而同把裝了奶的儲乳瓶拿給嬰兒室時，後入住的媽媽拿了兩瓶半奶瓶的量，奶量有待提升的媽媽是一個奶瓶，底部圓著的一個甜甜圈，她交給嬰兒室護理師時還遮遮掩掩的，感覺好像有些不好意思。

他們在一同往房間走回去時，這位較少奶量的媽媽，懂得向成功者學習吸取經驗，她請教那位量多的媽媽，怎麼有辦法擠出那麼多的乳汁？

那位量多媽媽就說：「我也不知道吔，孩子哭了、吃的時間到了，我就餵，反正孩子就自己主動靠上來，就讓他自己吃，我都沒管他。他吃他的，我餓了，我也吃我的。我有什麼就吃什麼，可能因為奶多特別容易餓，餓了就吃。半夜也會餓，老公還會出去幫我買，我也不管會不會變胖。時間到了我就睡，早上起來就兩瓶半。」

奶多媽媽說的話，聽來很簡單，輕鬆餵孩子，快樂坐月子，但哺乳媽媽的思考方式，還有該做的事，她其實都做到了。餵奶時，媽媽的心情要完全放鬆，要試著放下壓力。當孩子餓了就餵，當孩子想吃就給孩子吃，自己也是想吃就吃，該睡就睡。

我常說：「孩子出生後，他才是乳房的董事長。」

所以當媽媽想到孩子是不是差不多餓了？或是想到寶寶的臉跟寶寶的哭聲，還有寶寶一靠上媽媽的胸前撓頭撓臉的，很奇妙的，媽媽的乳房就會運作。媽媽只要常常陪著寶寶一起，讓寶寶把吃奶的本事練熟了，他就會做的越來越好，給媽媽掌聲為寶寶驕傲。即使現在媽媽暫時可能踢到鐵板，但是媽媽的心中也要想著：「為母則強！繼續努力。」

我可是幾十年來一路見證的，看著長大的孩子，媽媽們都是特別懷念回味著當初寶寶飽飽依戀的躺在自己懷裡頭的樣子。

10 寶寶的進食規劃

寶寶在出生後的兩、三天會需要頻繁哺餵，隨著寶寶的胃容量長大、媽媽的奶量增多，兩餐之間的時間，就會慢慢延長到三個小時，甚至超過三個小時。媽媽餵配方奶的話，可能可以足四個小時，再餵。

有人說，這時就可以開始「訓練」寶寶每四個小時吃一次奶，養成一種規律，這樣照顧者也比較好做計劃、掌握時間。我比較不贊同這樣的說法的。寶寶還只是一個新生兒，是根據自己身體的需求生活，會有一個大概規律，但不是可以完全被數字時間管理的。

母乳容易吸收，初期通常差不多兩到三小時吃一餐，之後會慢慢規律到三至四個小時才要吃。而影響媽媽奶量提升有很多可能的原因，包括：

生產因素，包括：麻醉、失血量……等。媽媽睡眠比較不足、人比較疲累或心理有壓力，或是水喝得比較少，沒有達到需求量。媽媽在哺餵的過程中覺得口乾舌燥口渴，但因為專注在寶寶或其他的事物上，沒注意到要適時的補充水分，這些都會影響到媽媽泌乳的狀態，雖然寶寶很認真的吸吮，但實際上並沒有吸到足夠飽足的奶量，不到下一餐就提早餓了。

寶寶在兩餐之中有便便的話，下一餐就很可能會提早十五到三十分鐘餓；寶寶逐漸增重長大，又消化得很好，也可能會提早餓。

- 寶寶除了不能被時間管理之外，也不是用數據來管理。
- 就像我在前文提到的，雖然配方奶粉罐上有標示寶寶一餐的餵食量，但是有母乳哺育親餵的媽媽，不能堅持一定要按照標示的量來餵寶寶，還是要自己觀察寶寶的狀態喔。

11 我的寶寶會護食？

關於寶寶吃飯，我還有一件很重要的事要提醒媽媽們。很多媽媽媽媽在餵奶中途，會因為要起身做事或接電話，或是任何原因就突然把奶瓶從寶寶口中拔出移開。

對飢餓中的寶寶來說，親餵的乳房或吸吮的奶瓶就是一切，任何金銀財寶都無法取代。

如果需要把奶瓶從寶寶口中移開，移開前，請媽媽「要先跟寶寶說一聲」。

媽媽們可以這麼做。

首先，媽媽跟寶寶說：「來，我們嘴巴放鬆，媽媽要先把飯飯拿開喔。」

或者，「媽媽要接個電話，先把飯飯拿開，等一下再給妞妞吃。」

無論如何，一定要讓寶寶知道我們要把乳房或奶瓶移開。等到寶寶鬆開口之後，媽媽才能把奶瓶拿走。

如果我們總是在未經寶寶同意的狀況下，忽然把寶寶的飯飯拿走，後來又還給寶寶，對他來說都是失而復得。這樣的事會在寶寶心裡拋入一個心錨：有一天我自己能拿得住的東西，誰也別想拿走。如此一來，總是被奪走寶貝的寶寶，可能容易養成或容易被掠奪，而有不安全感的心性。而有些人的收集癖或暴飲暴食的習慣，也可能是源於此。

這其實是人類的自然防禦機轉。若口慾期寶寶，在吸吮、咀嚼、吞嚥、吃飽、愛的感受……各方面需求，都有受到滿足的話，以後長大就會是一個大度的孩子。

12 抱新生兒有步驟

每次抱寶寶的時候，也是媽媽與寶寶最親密接觸的時候。移動寶寶身體姿勢或位置，或是把寶寶從床上抱起來、或者放回床上時，都可以先輕摸寶寶，告訴寶寶我是誰、我要把他抱起來了。跟寶寶事先說明，給寶寶心裡準備。

另外，由於剛出生的寶寶視距很短，大約只有成人一只手掌張開的距離，任何人在要碰觸寶寶之前，不管他有沒有睜開眼睛，一樣的最好都是採用漸進式的接觸流程。

首先，靠近寶寶。

接著，大人要先彎下身靠近寶寶，跟寶寶說：「好，媽媽要抱米咕起來囉！來跟媽媽相親相愛、抱緊緊。」

最後，再做出抱的動作。

有了這樣告知的流程，寶寶才會有心理準備、而不會覺得很突然，也讓寶寶感受到被尊重。

有爸爸告訴我他是這麼做的，每個動作都一一和寶寶說明。爸爸要抱寶寶之前，先跟他說：

「爸爸要抱你囉！」

「爸爸的手摸到你的肩膀了，我會撐好你的頭。」

「爸爸的手抱住你的小屁屁了。」

「好，現在爸爸要把你抱起來囉，我們相親相愛抱緊緊喔～」

我給爸爸讚美、拍拍手。總是如此氛圍，會讓寶寶充滿了安全感、信任感，而且有如沐春風般的美好感受。

若是其他親友來探望寶寶，就必須透過與寶寶最熟悉親密的人（應該也就是媽媽，或身邊照顧者囉）來一一介紹給寶寶。就像寶寶還在媽媽的肚子裡時，媽媽一一介紹家人給寶寶認識一樣。現在寶寶出來跟大家見面了，當然要好好的、正式介紹一次。

例如：阿嬤來看孫子（女）、想抱抱寶寶前，媽媽要先輕撫寶寶的頭，跟他說：

「媽媽跟你講喔，阿嬤來看你了。」

「這是阿嬤，你在肚肚裡阿嬤就說小寶是阿嬤的心肝寶貝，對不對？」

介紹完之後，再跟寶寶往下說明其他的互動內容。

「阿嬤現在要抱你了，我們給阿嬤抱。」

然後，再由阿嬤來抱寶寶。

同理，媽媽要把寶寶放下，或者送寶寶回他的小床睡覺時，一樣要先慢慢彎下身動作，也可以跟跟寶寶說。例如：

「好了，睡覺要靠自己。」

「回床上囉！」

再輕輕把寶寶放回床上。

相信我，抱寶寶的細節和過程對寶寶非常重要，而這件事卻經常被大人們忽略，而這是教養出穩定有靈性的寶寶，絕對不可缺少的重要步驟。讓寶寶從小就沐浴在有愛以及被尊重的感受裡，在這樣的環境下成長，家長不用特別教，寶寶自然而然就會成為一個性情穩定、會觀察環境、學習敏銳的寶寶了。

說到抱寶寶，常有爸爸在沒有學習正確抱寶寶的方式、也不知道怎麼抱寶寶的情況下，最後總是抱得很緊張、把寶寶抱成S型（如下圖）。再加上寶寶的身體抱起來軟軟的，像麻糬一樣，爸爸抱的時候不知道怎麼拿捏，又怕弄痛了寶寶，又怕抱不住或抱不好，總會聳著肩、身體緊繃得不得了，抱到最後還得找人按摩肩膀呢。

抱寶寶的步驟

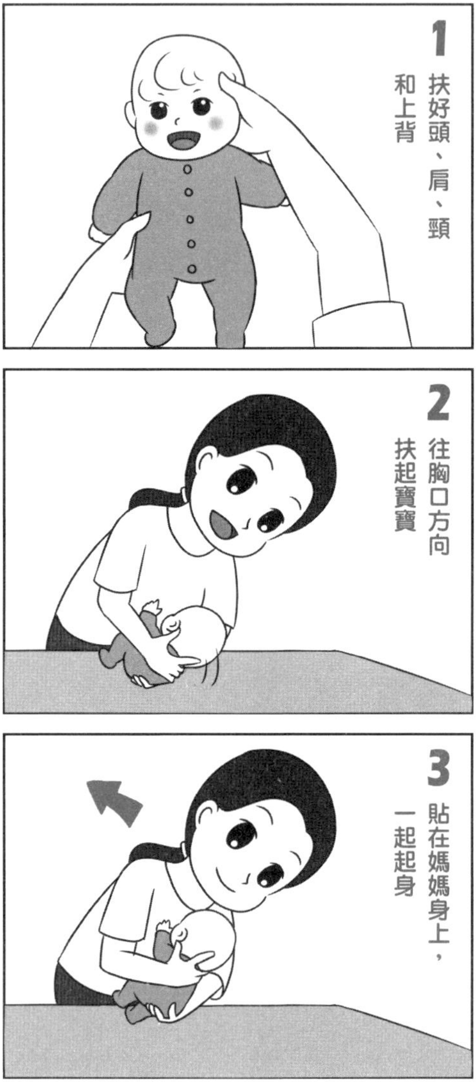
1
扶好頭、肩、頸
和上背
2
往胸口方向
扶起寶寶
3
貼在媽媽身上，
一起起身

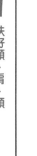

13 初生嬰兒適應環境的體質好似乾海綿

關於「初生嬰兒適應環境的體質好似乾海綿」的觀念，似乎是在國外比較被普遍接受。有一次，我工作的月子中心的護理人員在交班時，提到一位媽媽，每次這位媽媽親餵母乳時，都會先把寶寶的衣服全部脫掉，自己的上衣也脫掉，才開始親餵。

我聽了向部屬解說。這位媽媽做的事情是很好的、而且很正確的。可以做到很好的親子肌膚接觸、親子依附。華人傳統產後都要保暖，怕風，更早時甚至不洗澡、不洗頭，歐美人比較會用這種 skin to skin 的開放方式，其實現在國人很多也接受了。

後來有機會見到那這位媽媽，我才知道原來媽媽曾上過我的課，當初媽媽的姊姊在美國生產，她母親派她出國去照顧姊姊，她便在出國前來上我的課，好好的學習後前往美國。也因此，在國外陪產期間，知道寶寶與媽媽肌膚直接接觸（skin to skin）的重要。加上姊姊在美國生產後，美國醫院裡都是這麼教媽媽們，所以媽媽學到自己生小孩時，也是這樣以母嬰肌膚的方式哺乳。

我個人也比較喜歡以肌膚接觸的方式哺乳親餵，建議有個別需求、都是奶瓶餵食的媽媽，可以在平時與寶寶互動時，也這樣親子互動、肌膚接觸。另外，我也比較不主張總是把寶寶包捲起來。一般說這樣寶寶比較有安全感，但寶寶身體的感全感應該來自於我們給寶寶的照顧、環境的感受，而非靠一條包巾總是被包著。被包習慣了，影響寶寶肢體活動中的學習，而且寶寶早晚稍大了，總是要放鬆開來。被包裹習慣了，稍大就不包了，反而影響寶寶的感受呢。

14 寶寶怕熱、不怕冷

有一句俗話是這麼說的：「有一種冷，是阿嬤覺得你冷。」往往家中的長輩疼愛寶寶，總是怕寶寶穿不夠，著涼了。而實際上，寶寶是比較怕熱，反而不怕冷的。所以我會建議媽媽們，「不要給寶寶過度的保暖，不要把孩子養在溫室裡，保暖或恆溫且過熱的狀態。新生寶寶的體質是乾海綿，是可以來吸收適應環境的。要知道，適應春、夏、秋、冬，總在恆溫狀態，就是養在溫室裡，一般菌花才養在溫室裡，太陽晒不得，下雨淋不得，我們要給寶寶適應大環境的機會，別養在溫室裡，總是過度保暖。」甚至有醫學個案，就是因為寶寶被過度保暖、包裹，讓寶寶以為還在媽媽肚子裡，結果就忘了呼吸呢！這也是嬰兒呼吸暫停中止的其中一個原因。至於寶寶因為太熱而長疹子、太熱而煩躁哭鬧、不能安穩睡眠，更是常見的狀況。

新生嬰兒是經由頭部來調節體溫或散熱，所以寶寶太熱的表徵，就是「臉紅、腳冷，甚至對環境敏感，還有打噴嚏。」這些狀況都是寶寶身體感到過熱時，為了適應環境的方法，但也常常被大人誤以為是寶寶覺得冷的表現，又把寶寶包得更暖，害寶寶更不舒服。

寶寶身體的中心溫度比較高，大約在三十六・五度至三十七・五度之間。當寶寶沒有任何不適或感冒症狀，體溫超過三十八度時，先予「減少衣著」、「讓環境流通或降溫」。如果寶寶依然體溫偏高，便需要考慮上醫院就醫。

我待在醫院時遇過一個案例。有位媽媽發現寶寶的體溫持續超過三十八度，長輩知道了擔心寶寶在生病會冷，就幫寶寶加層包裹、把被子蓋得更暖，結果反而使得寶寶的體溫更高，最後急忙把孩子送去臺大掛急診。

醫生看到寶寶發燒，看寶寶身上包裹那麼多件衣服，先讓家長把寶寶的衣服脫掉一些，起初長輩還有堅持只肯脫掉一部分。後來醫生來看時，又被唸「脫得不夠，寶寶需要散溫熱」，這時長輩只好再脫掉寶寶的衣服。不久後，寶寶體溫下降恢復正常，可以回家繼續觀察了，但過程中，有抽血、化驗什麼的，讓孩子白白挨了針。

15 母乳加溫簡單測，瓶餵母乳的人體加溫器

母乳與配方奶不同且珍貴的地方很多，其中母乳具有「活性」，這是配方奶無法成就的。若在顯微鏡下看母乳，你會看見裡面是「活」的呢！有無數的小球在跑動著，這些「活性因子」裡都是很珍貴的營養價值，在我眼中，每滴母乳都比珍珠還珍貴且無價。

這些「活性因子」不耐高溫，所以若母乳是從冰箱拿出來的，用加熱器或隔水加熱時，必須不時取出來晃動一下，使它均勻受熱且勿過度加熱，這樣做可以避免讓母乳中的活性與珍貴的營養價值被破壞掉。

至於媽媽很常困擾的，母乳加熱，要加熱到什麼程度呢？

我們可以使用一個簡單的測試方法：我們可以用一隻手摸另一隻手的手背，感覺到的溫度就是我們的體溫，母乳就是在體溫這樣的低溫下製造出來的。較高

的溫度，母乳的活性因子就會被破壞掉。因此，我們在加溫母乳時，必須要多加留意。

其實，母乳並不一定要加熱，偶爾讓孩子吃「涼麵」也沒關係啊。

媽媽在用一邊乳房親餵寶寶時，另一邊乳房有滴溢乳汁可以用集乳器收集來。剛擠出來的母乳，在常溫下可以放大約五個小時，都沒有問題。寶寶兩餐之間的間隔，大約是三至四個小時，所以剛收集到的母乳，剛好可以當做寶寶的下一餐，媽媽可以不用再拿去回溫或加熱喔。

另外，媽媽用奶瓶餵奶，餵到一半需要暫停下來，幫寶寶拍背打嗝的話，這時媽媽擔心母乳涼了，會把瓶子裡的母乳，再拿去加熱回溫一下。我其實挺怕聽到「回溫」這兩個字，因為回溫很容易加熱過度，反而破壞了母乳中的活性。

我教大家一個回溫方式，是用「人體加溫器」來寶溫。方法很簡單：

媽媽在幫寶寶拍背打嗝暫停時，蓋上瓶蓋後，直接將已密蓋的奶瓶夾在自己的腋下，又或者把奶瓶夾在自己的雙腿之間。這樣一來，不僅完全不用擔心回溫過度的問題，操作的方法也很方便、簡單。

關於母乳，就是母乳的內容，是隨時依據寶寶的需求在變化的。一般而言，餵母乳會被分成前、中、後三段。前段的母奶常常多水分，但裡面富含各種營養素及碳水化合物，是寶寶熱量的來源。中段包含了很多寶寶成長所需要的充沛的營養素。後段的母奶，則含有較多的免疫血清球蛋白等抗體。另外，中、後段的母奶也比較富含脂肪成分，可以讓寶寶有飽足感喔。

所以，哺餵母乳盡量餵食一側，再以另一側補足。如果一邊就能餵飽足了，另一邊就留給下一餐囉。

媽媽每次哺乳，最好都是讓寶寶從頭到尾吃單邊的乳房，下一餐再餵另一邊乳房。這樣一來，寶寶比較能攝取到前、中、後段母乳中完整的營養成分。

16 李小龍的摸鼻子厲害了

餵母乳的媽媽，有時會遇到流出來的乳管束從很粗變得很細的狀況，此時含有抗菌因子與再生因子的母乳，就是最好的乳管頭疏通的材料。

媽媽只要擠一點點的母乳，塗在乳頭上，讓乳頭濕濕的，然後在上面輕輕地撥動它，我常說，就像「李小龍摸鼻子」的動作。這麼做可以刺激敏感的乳頭，就像寶寶吃奶吸舔時舌頭與口腔對乳頭的刺激，如此乳管束就有機會重新變大、變粗。

有的媽媽在親餵母乳時，因為抱寶寶含乳的姿勢不對，使得乳頭容易龜裂、破皮、結痂，造成乳孔阻塞、脹乳。此時，就是我所謂的「羊脂膏修復三明治」派上用場的時候。

有在哺乳的媽媽都知道，除了使用擠出的母乳，還可以使用成分天然的羊脂膏、乳頭修護霜或馬油，來保養、修護乳頭，但是媽媽要留意的是「使用的方式」。

為了讓媽媽們好記，我想出了「羊脂膏修復三明治」的方法，跟三明治一樣也有三層，步驟如下：

三明治的第一層是吐司麵包，媽媽們可以擠一點乳汁出來，用手指沾乳汁，把乳頭沾濕。

三明治的第二層要塗上奶油，也就是媽媽要擠出一顆約綠豆大小的羊脂膏，擦在乳頭與乳暈的銜接處、揉抹開來，藉由體溫讓羊脂膏變得柔軟，羊脂膏化開來之後，再輕輕帶過乳頭部位，塗擦薄薄的擦一層就好。

第三層又是吐司麵包，最後媽媽可以再擠一點乳汁出來，輕輕的沾蓋在乳頭上。

這樣就完成「羊脂膏修復三明治」保養、修護乳頭的工作了，是不是好記又簡單呢。

至於，「李小龍摸鼻子」與「羊脂膏修復三明治」，媽媽何時進行保養才好呢？

我建議最佳的時機點是：餵完寶寶之後。

也提醒一下媽媽們，在做「羊脂膏修復三明治」保養前，只要「用濕毛巾包覆輕敷整體乳房即可」。等到下一餐要餵寶寶時，媽媽乳頭上的羊脂膏成分，經過衣服的摩擦，而且因成分純天然，又是薄層塗抹，所以餵寶寶之前基本上無需特別清潔乳房。

另外，羊脂膏因為是天然油脂，天氣冷的時候會自然凝固，使用時可能會擠不出來的。此時，媽媽可用一個杯狀容器，盛滿溫水，把羊脂膏頭朝下放入容器中溫熱一下，就能擠出來了。成分天然的羊脂膏，媽媽也可用來當作護唇膏。

還有，羊脂膏買小條的就可以。我有遇過媽媽在生第二胎時，還把生第一胎時沒用完的羊脂膏拿來繼續用，這樣做其實有待商榷，因為羊脂膏天然無添加，若開封後很久沒用完，品質就比較難以掌握，再拿來用在要餵食寶寶的乳頭乳暈上也有風險喔。

乳房按摩保養

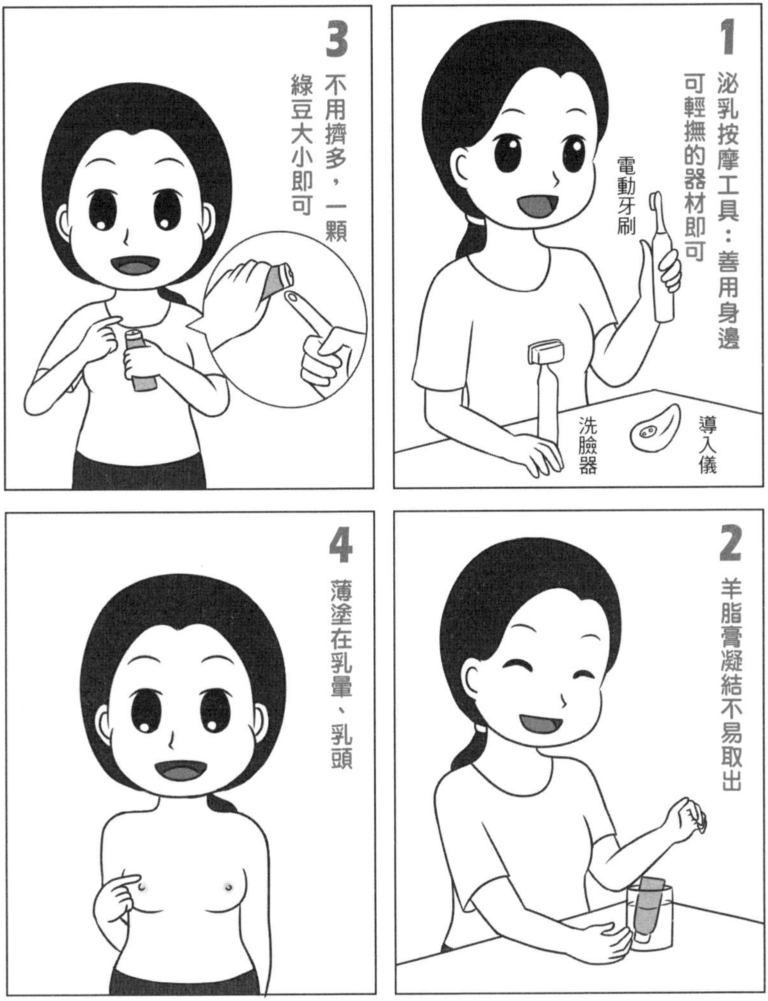
1
泌乳按摩工具：善用身邊可輕撫的器材即可
電動牙刷
洗臉器
導入儀
2
羊脂膏凝結不易取出
3
不用擠多，一顆綠豆大小即可
4
薄塗在乳暈、乳頭

17 媽媽的乳頭不破皮：親餵母乳的正確姿勢

偶爾有親餵母乳的媽媽告訴我，寶寶把乳頭吸到破皮了，好痛！我用開玩笑的方式跟媽媽說：「這不是寶寶的問題喔，是我們陷寶寶於不義呢！那是因為我們抱寶寶的姿勢不對，所造成的。」

寶寶是不會做錯事情的。寶寶知道要很認真地吸奶，但如果我們抱他的角度不對、位置不對的話，就會讓媽媽的乳頭邊緣一直摩擦到寶寶上顎不適合的位置，結果造成媽媽的乳頭被寶寶吸破皮了。

那麼媽媽親餵時，怎麼抱寶寶才是正確的姿勢呢？

媽媽親餵寶寶的姿勢有很多種，包括：搖籃式、橄欖球式、修正橄欖球式、躺餵、生物滋養法（媽媽半斜躺，利用地心引力讓寶寶趴在媽媽身上尋乳，不限定寶寶姿勢）等等。其實餵到熟練了，沒有姿勢要求，媽媽跟孩子都樂意、舒適，好吸吮的角度，都沒問題。

一般醫護人員都會教媽媽「三點一線法」，也就是：媽媽把寶寶抱在身上時，可以看到寶寶的「耳垂、肩膀頂端、骨盆」頂點，呈現一條直線。結果臨床上，媽媽的調整角度還是可能需要調整。

所以，我教媽媽們一套更細緻的檢查法。

首先，媽媽把寶寶抱近身體，讓他的肚臍貼著妳的身體。

接著，讓寶寶含上後，媽媽可以低頭看看寶寶、檢查角度，會看到寶寶的「半個鼻子、一個眼睛、一隻耳朵、一隻手與一隻腳」，是看不到另一邊的。

看到寶寶的半個鼻子，但是看不到寶寶的鼻孔，寶寶的鼻尖是輕輕碰觸在媽媽的皮膚上，或是只隔著一件衣服的厚薄度。

同時，會看見寶寶的臉頰隨著吸吮鼓動，但看不到寶寶的嘴角。而寶寶的嘴巴因為張得很大，所以媽媽會看見寶寶的雙下巴，偶爾也會聽見寶寶發出咕嚕咕嚕的吞嚥聲。

也有媽媽會說，寶寶只偏好吸媽媽某一邊的乳房，餵另一邊就顯得排斥或煩躁。可能有幾個原因：

第一「姿勢的問題」；可能媽媽抱一邊的姿勢，比抱另一邊來得放鬆順手或者正確，抱另一邊就肩頸緊繃，顯得身體卡卡的。所以寶寶只願意吸某一邊的奶。

第二「乳房狀態的問題」；可能媽媽有一邊的乳房有脹乳產生的硬塊，或是泌乳較少。寶寶可聰明了，就會有選擇性。

其實寶寶在吸奶時，下巴會按摩到媽媽的乳房，能幫助脹乳的硬塊比較容易被吸出。所以，可試著調整餵姿。比方外側有明顯硬狀，就用橄欖球抱姿餵食。

另外，有些媽媽會躺著餵寶寶。而且媽媽餵奶時會在寶寶背後放捲軸，方便固定寶寶的位置。請留意，寶寶背後捲軸的高度「不能高於頸部」。

而以下三種媽媽，躺著餵就要注意了。一種是胸部太大的，二是太胖的，三是太累的。若你是屬於這三種類型的媽媽，躺著餵真的要小心，若一定要躺餵，請務必「全程保持清醒」。

我會這麼說，是因為我多年前還在醫院端工作時，曾遇過一個送來急診的寶寶，因為媽媽躺著餵，又用一個長型的蕎麥枕抵在寶寶的後頸部與背部。沒想到，媽媽睡著了，寶寶的口鼻就被媽媽的胸部整個遮蔽住，導致窒息。若寶寶後頸部沒有被枕頭抵住，或許還可以把頭往後仰，呼吸得到空氣。而那個寶寶送到醫院時，也都來不及，遺憾已經造成了。

各種餵奶姿勢

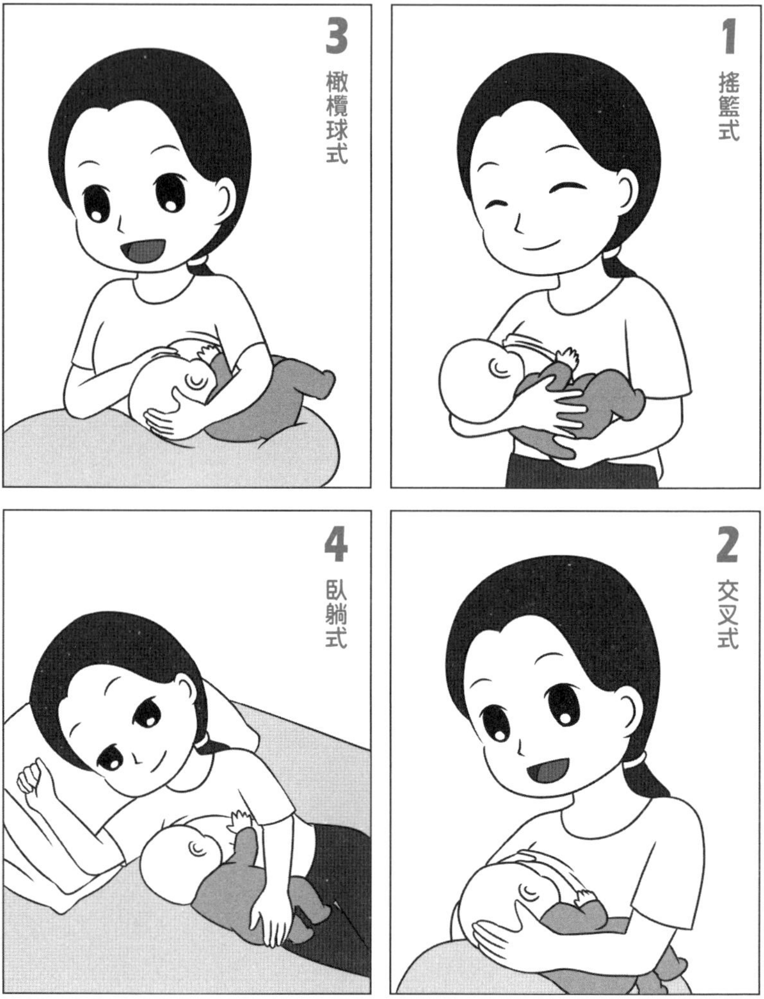

18 找回與寶寶的連結：最親密浪漫的約會複習

我從事產婦與新生兒照護的工作這麼多年，最喜歡做、也是我視為使命的事，就是「幫助媽媽與自己的寶寶找到愛的鏈接」。我也總會鼓勵媽媽們，寶寶一出生，就盡快讓寶寶到媽媽身上爬，往往會發現，很神奇的，新生寶寶會自己賣力的往乳房爬去，直到含到乳房。如此親密的母嬰肌膚接觸，正是媽媽與寶寶之間產生情感依附最感動人的初始方式。

我在產後機構工作時，有些寶寶在生產過程中，沒有一出生就在媽媽肚子上爬、吸第一口乳，這時，我就會幫助這些還沒尋乳過的寶寶，跟媽媽來一次最親密浪漫的約會。尤其是早產兒，因為需要特殊照護，常常有一段時間是與媽媽分隔開來的，所以等到早產兒發育到可以出院進到月中時，我會幫忙寶寶找回胎內記憶的感受，與媽媽產生親子依附的鏈接。

首先，我會把寶寶抱好、捧好，引導著寶寶，一邊口中發出帶有水聲的白噪音，幫助寶寶回到胎內記憶。過程中，寶寶會完全放鬆，自己調整姿勢到最舒服的狀態。

等我跟寶寶說：「走！我們去找媽媽。」一並把寶寶抱近媽媽，寶寶即使閉著眼，也會將小臉對著媽媽的肩轉過去，並且開始將身體一直往媽媽上身鑽。

這時，寶寶便是循著媽媽身上的蒙哥馬利腺體的味道而去找媽媽的。每個小寶寶都是這樣呢！到媽媽身上就會很努力地往上竄、腳用力地蹬，直到找到他最安心的位置——乳房，最後整個人就會完全放鬆地貼近媽媽、靠近乳房。

每次來到這個時刻，媽媽總會覺得寶寶非常神奇，感覺非常美妙，母子間的連結真的是天性呀！雖然對我來說每個嬰兒都會這樣，並非什麼神奇的事，但我很喜歡給媽媽傳達這樣的感情訊息，更深刻知道孩子是要跟媽媽在一起的，即使只是小小的寶寶，為了能跟媽媽靠近，寶寶能做到的事，是我們無法想像的。

有媽媽在離開月中前說到，本來她只想短時間餵奶，而且只擠出來瓶餵，因為寶寶賣力爬向她的舉動，讓媽媽決定好好照著餵，而且盡量親餵。能夠的話，她要餵一年。看來媽媽明顯感受到寶寶喜歡在媽媽身上親餵呢！開心！

19 家有九十九歲老人家

對新生兒來說，來到這個世界就像是突然到了一個完全未知的環境。即使是成人，面對未知的事物都會感到忐忑不安，更何況是新生寶寶呢？因此，我都會建議新手父母們，與寶寶的互動要像跟九十九歲的老人家互動一樣周到，做什麼之前，都要先跟寶寶說明，再帶著寶寶去做。這樣不僅可以減少寶寶因為未知的行為不安，而產生的焦慮哭鬧，同時還能讓寶寶從生活中自然而然地學習，並增強媽媽或其他照顧者與寶寶之間的連結。

像是我前文提到，把寶寶抱起來與放下之前，都先跟寶寶說一聲，再做出動作，幾次之後，寶寶只要聽到這些話，自然就會懂得接下來會發生的動作。

例如：媽媽說：「好了，現在媽媽要把大眼妹抱起來囉。」

總是重覆，每天都有一樣的言詞跟一樣的行為，寶寶自然就知道我們要為他做的是什麼，不會因未知而焦慮，當然就能趨於穩定了。

或是媽媽在準備餵奶時，先跟寶寶說：「媽媽在煮飯了，我們馬上吃飯飯了喔！」每一次餵寶寶前都這麼說，寶寶很快就會知道「吃飯飯」跟「可以餵飽肚子」這件事的連結。

在幫寶寶換睡覺姿勢時，也可以說：「我們現在睡左邊。」或「我們現在睡右邊。」這樣久了之後，寶寶自然而然就會知道左、右的分別，同樣的，上、下、前、後的概念，也都可以融入生活互動中，讓寶寶自然學會，完全不用特別教。

另外，寶寶的成長學習要認識環境，最先帶他從「認識自己」開始。比方，在幫寶寶洗澡時，也是施行這個方法最好的時機。

例如：幫寶寶擦洗身體每個部位時，都先跟他說：

「來，我們擦右臉臉，媽媽幫大眼妹擦左臉臉。」

「我們洗頭了喔！」

「來，我們洗鼻子。」

洗完全身，就等於幫寶寶介紹一遍他自己的身體了。我建議媽媽們，讓寶寶必須學會的事，就在日常生活中進行，甚至成為生活中的一部分，最好的教，就是在生活中給，不教是最好的教，而不是刻意的去學習，寶寶很能自然學會呢！

20 也是給寶寶的按摩與撫觸

經常撫觸孩子的身體，可以傳達愛的感受訊息，也有安撫孩子情緒的作用。坊間有許多專業教導媽媽如何幫嬰兒按摩與撫觸的課程或書籍，常有媽媽學了之後，會安排適合的時間，與寶寶一起進行，我給能這麼做的媽媽們拍拍手，這真的是很棒的！也有媽媽繳學費、花時間學了，卻因為忙不過來，一天過了又一天，一直延遲就沒有與寶寶操作嬰兒按摩與撫觸。之後談起來，都有媽媽覺得遺憾，知道嬰兒按摩撫觸很好，但比較難依照步驟一一進行。而且真的是太忙了，所以也實在沒有空做。

這裡分享一下，如果真的不懂得怎麼做，或是沒時間做，其實只要媽媽們或照顧者，能夠多用我們有愛的雙手，多去撫觸寶寶的身體，基本也算有六十分喔！我會安慰並提醒媽媽，如果真是沒有時間去進行嬰兒按摩或是撫觸，我們就可以這麼做。

例如：

我們可以把寶寶放在床上，媽媽或是照顧者可以趴在寶寶的身前，以俯身看著寶寶、跟寶寶互動。或是把寶寶放在腿上，看著寶寶開始跟寶寶玩。

「媽媽來跟大眼妹玩囉！媽媽摸摸大眼妹的臉臉，哇～媽媽摸大眼妹頭髮。媽媽摸大眼妹眉毛，摸大眼妹手手。」

「媽媽想摸摸大眼妹左耳朵，右耳朵。大眼妹的右眉毛在哪裡呀？那媽媽要來摸摸大眼妹右眉毛囉。」

「要不要媽媽給大眼妹媽媽的小指頭握著呀？」

「對～大眼妹棒棒的，自己握住媽媽的小指頭了！好棒棒！」

我們總會花一些時間跟寶寶互動的，總是同樣的話語、動作，日復一日重複了十次、無數次，寶寶不僅學會認識了自己的身體各部分，而且又與照顧者交流了愛的互動，還非常得舒服呢。

另外，幫孩子拍背，讓寶寶打嗝，也是一種嬰兒按摩撫觸喔。例如：媽媽在寶寶吃奶吃到該進行拍背打嗝之前，先跟寶寶說：

「來，我們起來拍背打嗝。媽媽要幫大眼妹拍拍。」

「大人有幫忙，大眼妹就要靠自己喔！等一下，要自己說『嗝～』喔！」

媽媽或照顧者我們開始幫寶寶拍背打嗝了。這過程中可以再次引導寶寶。

「『嗝』不出來的話，大眼妹靠自己幫忙喔！來自己想辦法說『嗝』。」

我們在進行拍背打嗝的過程時，要給寶寶「一點時間」。

我每次幫寶寶拍背，都會說著同樣重複的話。不停的經驗裡，對這個過程比較熟悉的寶寶，只要我一說「我們要拍背打嗝唷！」，都可以感覺到寶寶已經準備好要配合做這件事了，而在旁邊看著的爸媽，看著只要好好的跟寶寶這樣互動，寶寶居然總是能配合，爸爸媽媽都覺得神奇又有趣，寶寶怎麼那麼聽我的話！而爸媽們也會很開心的這樣和寶寶互動，寶寶真的也會很快就很熟悉要怎麼做了。

其實這個方法的道理很簡單，就是不停地在生活中用快樂的方式跟寶寶互動，讓寶寶明白何時要做什麼事，這對嬰兒來說，就是很好的學習。寶寶比別人學得早，我們的寶寶就能贏在起跑點了。

21 寶寶的睡前記憶

新手爸媽常遇見的問題之一，就是寶寶要被人抱著睡覺，不能放下，一放回床上就醒過來哭，直到在被抱起來。曾接到過一對從月中出去爸媽的求助電話，去他們家瞭解狀況，他們的寶寶從月中回家後不久，就一定要人抱著趴在爸媽身上才肯睡覺。於是，上半夜由爸爸躺著讓寶寶趴在肚子上，然後換爸爸去睡覺因為早上要上班，下半夜再換媽媽上場，繼續抱著讓寶寶趴在身上哄睡，真的非常困擾呢！

寶寶是有睡前記憶的，「睡前與醒來所處的環境不同」，是有關係的。若不想養成只肯懷抱著睡的寶寶，照顧者們一定要記住：「寶寶在哪裡睡著，就讓寶寶在哪裡醒來。」

為什麼寶寶會養成這種「只肯給人抱著睡」的習慣呢？

我們可以設身處地的試著想想，如果我們前一天晚上，是在一間白色裝潢的房間裡睡著，但早上起床時，房間的裝潢卻變成了紅色的房間了，又沒有人告訴我們為什麼會換房間的原因，我們是不是會納悶，自己半夜裡是何時被換了房間？為什麼不知道的就被換了房間？而且都沒有人來解說，自己是何時、而且怎麼就被換了房間？若同樣的狀況總是重複發生，我們會不會也想著，我今晚不要熟睡，一定要看看自己是什麼情形？怎麼被換房間的？

同樣的道理，如果寶寶是在我們的身上睡著，醒來時卻換了環境，是在小床上，寶寶一定也會很不安。寶寶睡眠的安穩也來自於熟悉的入睡環境，寶寶在哪裡睡著，寶寶的感知是那裡就是他的床，所以我們怎麼可以在寶寶熟睡中、在不知道的情況下，把寶寶從我們的懷抱中（他覺得是認為的床上）搬走呢？寶寶會不瞭解這是怎麼回事。總是這樣的情況也會導致他不敢熟睡，一有動靜，就要醒過來，確認自己睡覺的地方是否有變動。

所以每次爸爸媽媽跟我訴說，寶寶都愛賴在他們身上睡覺，我都會跟爸爸媽媽開玩笑的說：「我們不要自作多情呀！寶寶不是要賴在我們的身上睡覺，而是寶寶是在我們身上睡著，睡前記憶就認為我們的身上是床。所以，我們怎麼可以把寶寶從他的床上搬走呢？」

而且，有些大人還怕吵醒寶寶、輕手輕腳偷偷的把寶寶放回小床上，寶寶睡前記憶的睡眠環境在不知道的情況下被改變，讓寶寶覺得混淆與不安呢。

那麼，爸爸媽媽應該怎麼做才好呢？我的建議方法，如下：

我們抱著寶寶餵飽足了、身體舒適了，寶寶可能不久就在我們懷裡睡著了。（別怕抱多了抱成習慣）經過吃飽可能也隔了一些時間，寶寶肚子裡的奶應該也消化了一些。我們可以再幫他輕輕的拍背打嗝一下。也藉由這樣的過程讓寶寶從深眠中轉為淺眠，能夠知道我們有動作，並且隱約的聽到我們在跟他說的話。「好了，大眼妹吃完飯，我們拍背打嗝喔！我們相親相愛，大眼妹睡覺要靠自己喔！」

當寶寶從深眠進入到淺眠。雖然還在睡，但是感知到我們有的動作、語言。

感覺到我們已經放寶寶回他自己的小床上，寶寶也會感覺自己回到最熟悉的地方。

等我們幫寶寶擺好睡姿，也可以輕敲幾下小床的「床板」，讓寶寶知道，他已經回到自己熟悉的小床上囉。寶寶的睡前記憶就會是在自己床上了。

不想整夜都抱著寶寶睡的爸媽，一定要學起來喔。

關於輕敲床板

撬動任何物體都會發出屬於它自己材質的聲音。寶寶出生後每次放回小床前，無論醒或睡，我們都輕敲床板固定的位置幾下，這會成為一個寶寶熟悉的聲音。睡著了放回床上，聽到敲床板的叩叩聲，也是一種傳達給小寶寶，他已經回到了自己很熟悉的環境。

22 寶寶是比郭台銘更需要SOP的CEO

孩子出生來到這個世上，所遇到的每一件事，對他來說都是第一次。所以我們除了在做每件事之前，都先跟寶寶說明之外，爸媽及照顧者們也要建立起照顧寶寶的SOP，讓寶寶得以遵循、學習與熟悉，進而能夠配合或養成習慣，不會凡事都是忽然來到，寶寶的情緒也會更安穩喔。

在進行寶寶的SOP之前，我也要請爸媽及照顧者們注意兩件事：

1 進行的動作和順序，要重複相同。

2 過程中應用的話語，也要重複相同，並且呼應著我們的動作進行。

再來，我提出有兩個SOP讓爸媽及照顧者們知道，因為總是會用到，所以要幫寶寶建立這樣的SOP。

一、寶寶最重視的「吃飯」

每一次吃飯前、中、後，媽媽帶領寶寶進行「媽媽拍背，寶寶自己打嗝」的流程。重複幾次後，媽媽只要進行幫寶寶拍背，寶寶就會知道自己拿到「準備要吃飯」這扇大門的鑰匙，往往就會停止哭泣，寶寶知道大人在拍，拍完就可以吃飯了，寶寶也會急著自己趕快打嗝。一旦他熟悉了這個流程，就知道拍完嗝，就有飯吃、打完嗝，身體會舒服。大人們總是進行著同樣的語言搭配著同樣的動作，這樣一來，寶寶就會逐漸熟悉，學會「拍背→打嗝→吃飯」是吃飯循環過程的SOP了！

使用相同語言的部分，媽媽要留意。

例如：媽媽昨天用國語說「吃飯」，今天用台語說「呷飯」，明天又用英語說「eat」，幾次下來，寶寶會無法把你說的話跟做的事連結起來。媽媽要記得，在寶寶的生活習慣中，融入固定的語言與動作，是一件很重要的事，這樣寶寶才能漸漸熟悉某件事情的操作模式，然後養成習慣。

二、養成跟寶寶「說再見」的SOP

不論是在月中或回到家裡，媽媽在要離開寶寶身邊時，都可以跟寶寶說一聲「bye-bye」、「再見」，或任何你喜歡用的離別詞語。

當媽媽在寶寶身邊時，寶寶可以聞到媽媽身上的蒙哥馬利腺體的味道，並且感覺著媽媽在身邊，當媽媽離開時，寶寶會感知到媽媽離開，而且味道也會隨之消失。如果媽媽跟寶寶建立了「說再見的SOP」，媽媽總是跟寶寶說了再見，之後再離開的話，寶寶就會藉由經驗知道，寶寶聽到「bye-bye」，代表的意義就是媽媽離開了，但後來媽媽還會回來。一天我們要在寶寶身邊離開很多次，這可以影響寶寶的離別記憶、甚至於是離別傷痕，增加孩子的安全感，是很值得建立的SOP。

例如，在月中，每次要送寶寶前往嬰兒室時，媽媽可以跟寶寶說：

「媽媽送你去阿姨那邊跟同學上學喔。」

「在阿姨家要乖乖的唷，下課了媽媽就來接你。」

「bye-bye 喔。」

又比如，媽媽在家裡要離開寶寶身邊去做家事時，也可對他說：

「媽媽要去幫你洗衣服喔。你如果要找媽媽，再叫媽媽。bye-bye 喔。」

在我的學習與經驗裡，基本孩子會認生，是因為寶寶曾有過感受不好的離別記憶，離別傷痕。若媽媽或照顧者有習慣跟寶寶說再見，寶寶比較不會有離別的不安全感，比較容易大眾化，被誰抱幾乎都沒問題，容易與人接近，能與不同的人互動，寶寶就會成為能夠多與人開心親近、不認生的孩子。

以上兩個ＳＯＰ都很超值，爸爸媽媽一定要學起來喔。

23 寶寶打針前的心理準備

前文我提到，爸媽及照顧者在做任何事之前，最好都能先互動，跟寶寶說一聲，除了日常生活中的事之外，有些並非每天會做，但預期會做的事，也可以先為寶寶做好心理準備、或者提前模擬，當事情真的發生時，就比較不會驚擾到寶寶喔。

例如，寶寶有好多疫苗排著必須打針呢，這就是可以提前跟寶寶進行模擬、預告的事。很多寶寶一進入醫院就開始哭，爸爸媽媽會覺得很奇怪，那麼小的嬰兒怎麼就知道自己到醫院，或是要打針了呢？其實那是因為爸爸媽媽想到寶寶要打針，到了醫院抱著寶寶手部肌肉也不由得緊繃起來，而寶寶是感知到爸媽懷抱的肌肉張力與緊張的氛圍的關係，所以哭了。

那麼，我們要怎麼提前跟寶寶「預告」要打針，讓寶寶能做好心理準備呢？

在要去打針前的一兩天開始，偶爾我們可以不時的用一張沾濕的衛生紙，輕輕在寶寶要打預防針的部位擦個幾下，一邊說：「媽媽擦擦擦。」「阿嬤擦擦擦。」

擦完之後，再輕捏捏寶寶的注射部位的皮膚，一邊說：「阿姨打針針。」

一開始，寶寶可能會感覺到皮膚有一點點刺刺而做出反應，但這樣重複跟寶寶「玩」個幾次之後，他就會習慣這個遊戲。

等到真正去打針時，我們要注意放輕鬆肩頸手臂的肌肉，在護理師用酒精棉擦拭要打針的過程時，我們就一樣，跟寶寶說：「阿嬤擦擦擦。」護理師打針時，就跟寶寶說：「阿姨打針針。」

寶寶就會以為大人又在跟他玩而不以為意，往往也就不太會哭了。

我們有替寶寶剃胎毛的習俗，當寶寶要被理髮時，常常也是哭泣著的。有一次我正好看見，家長要請髮姐來月中幫寶寶剃胎毛，寶寶可以用狂哭猛喊來形容。另一位看寶寶因為理髮哭那麼用力的媽媽，跟我說寶寶理髮也哭得太兇了吧！我開玩笑回覆：「如果我會理髮的話，一定會幫寶寶理得很舒服，盡量不會讓寶寶狂哭成這樣的。」媽媽竟福自心靈說：「我的寶寶乾脆讓妳理吧！」

這是我人生第一次幫寶寶理髮，也是用了同樣的原理。

在幫寶寶理髮的前兩天，我交代了嬰兒室的護理人員，我們用電動牙刷，跟寶寶進行熟悉模擬。

我們拿著電動牙刷，讓馬達轉動的聲音，靠近寶寶身上、頭上輕輕游動，跟寶寶玩開飛機的遊戲，先讓寶寶熟悉那種聲音跟觸感。

等到真正理髮的時候，寶寶餵飽舒服地睡著了，我們先從玩遊戲，把電動剃頭刀在寶寶身上與頭上游動，繼續跟寶寶說：「乖乖，我們開飛機，飛機嗚～嗚～」

我輕巧的配合寶寶的臥姿，不搬動寶寶開始一邊理、一邊跟寶寶說：「哇，我們越變越帥了喔！」開心的進行這件事，從開始理髮到完成，都沒有驚醒寶寶，還把寶寶的頭理得很漂亮呢！有無數寶寶的頭髮，都是在這樣的過程下被我理髮的，幾乎都是安靜的睡香香沒有哭哭。

24 孩子的眼神與眼光是事實

我在書中一再地提及「孩子的眼神與眼光是事實」，主要是剛出生一至兩個月的寶寶，寶寶的視力尚未發展完全，只看到約一個手掌張開，這樣距離內的東西，但是寶寶會用眼神與眼光來感知看世界。所以跟寶寶說話時，我總會看著寶寶的眼睛，讓寶寶感受得到我要傳達給他的訊息。

「眉目傳情」四個字，絕對適用在寶寶身上，我們跟寶寶說話，或者互動的時候。我們用充滿愛意的眼光看著寶寶，此時我們跟寶寶之間的情感交流，很容易傳達給寶寶好的感受，有好好跟寶寶「眉目傳情」的話，寶寶的情緒也會容易穩定。

媽媽常常跟寶寶四目相對、兩眼交流，讓寶寶感受到情感的傳達是很重要的事。我就常常看著我照顧的寶寶的眼睛，跟他說：「來，你看阿姨。」常常寶寶都是定定的，兩眼盯睛看著我。好像很認真的聽著我說的話。」有些見到我這樣做的媽媽，會很驚訝地說：「寶寶好像真的在聽妳說話一樣吔。」有很多媽媽很相信跟寶寶這樣互動，寶寶真的會觀察，想領悟我們跟他互動的意思。（這些媽媽就是平日已經很會自己跟寶寶保持互動，互動多的寶寶真的就比較靈巧）而寶寶真的就是認真地在聽我說話。偶爾也有寶寶會故意躲開我的眼光似的，會把眼神閃開，我故意斜過去跟寶寶對眼，寶寶好像躲著眼光一樣，又偏移開眼光去看別的地方，就是不跟我們對視喔。

因此，爸媽、其他照顧者，真的可以這樣經常看著寶寶的眼睛，有表情的跟寶寶說話、交流，不管寶寶的眼睛是否睜開。寶寶會從我們說話的語調中，接收到我們傳達的愛的訊息喔。

例如，媽媽可以常常用充滿著愛意的語氣跟寶寶說：

「媽媽好高興生下你喔！」

「怎麼那麼可愛的寶寶來給媽媽當小孩呀！」

「媽媽好愛你唷！媽媽覺得寶寶又長大了呢。」

「媽媽一看到小寶就好高興啊！媽媽想小寶唷！小寶有沒有想媽媽啊？」

爸爸媽媽要記得，我們的語言裡帶有的訊息，不論正面、負面，都會傳達給寶寶。

像是寶寶還在尋乳階段時，如果媽媽說：「你看他都不吃，叫我餵他，又把我推開！」這話傳達的訊息就是：「媽媽覺得我沒有好好的吃奶，媽媽覺得我不配合！」

但是媽媽如果說：「沛芸好努力呀，自己一直努力的在摸索、在找飯飯，我們的寶寶多棒啊！」這句話傳達的訊息，是不是正面多了呢？

同一件事，傳達的訊息截然不同，寶寶接收到的感覺，自然也就天壤之別。寶寶接受訊息的能力是一級棒的，爸爸媽媽們也要好好的，會用正向語言的模式傳達喔。

25 讓寶寶一覺到天明的祕方：背後的神祕捲軸

一般建議新生嬰兒的正確睡姿是仰睡，但是寶寶也可以用微側臥的方式躺臥，因為噘著屁股抱著被被，看起來超級可愛，我將這睡姿叫做為「無尾熊臥姿」。用這種睡姿寶寶會睡得比較安穩，開始會翻身了，也不容易翻身變成趴睡。

無尾熊臥姿

首先，拿一條一般大的浴巾捲成一條長捲軸，讓寶寶側躺，雙手抱著這條捲軸，再把捲軸從寶寶兩腿之間穿過，讓兩隻小腿腿抱夾著，再環繞過屁股、記住請不要高過頸部。

然後再拿一條小一點的浴巾，一樣捲成捲軸，放在寶寶的背後，用來固定住長捲軸的位置。用這樣看來像是無尾熊的睡姿，讓寶寶前面有東西抱，後面有東西靠，彷彿有人抱著他，這樣一來，寶寶就會睡得很安穩。

另外，長捲軸繞過寶寶的屁股時，我會把寶寶的屁股墊高一點。因為寶寶的腸子會蠕動，而氣體是輕的會往上升，把屁股墊高，有助於寶寶排氣，也比較不容易脹氣。

我個人是比較不建議把孩子用包巾或衣服包起來睡。其實把寶寶放開來，讓他的手能動，對他也是一種學習，把寶寶包得緊緊的，反而會延遲他的學習。包著仰睡的寶寶，比較容易睡到一半突然大哭，但是用無尾熊睡姿的寶寶，因為全身放鬆，就很少被驚嚇反射嚇到而驚醒。

無尾熊臥姿

還有，我建議爸爸媽媽最好不要跟寶寶同睡一張大床。

我曾遇過一次嬰兒送急診的案例，就是爸爸晚上應酬太累，一回家往床上一躺就睡著了，渾然不覺自己睡在寶寶身上。等到他發現時，寶寶已經窒息了。類似的案件時有所聞，爸爸媽媽們不可不慎啊！

第四部

家有新生兒：
新寶寶的居家育嬰好照顧

寶寶居家照顧好方法

關於居家育嬰的各種提點、媽媽哺乳、寶寶健康護理的注意事項等等，本部皆有詳細說明，讓爸媽輕鬆育嬰，與家人們共享有新生命加入的喜悅。

1 寶貝，我們回家囉！

終於來到這一天，今天寶貝要跟我們一起回家囉！寶寶換環境是大事，所處的場域切換的交流與對話都有爸媽需要留意的地方喔，這個時間點也是另一個爸媽可以好好把握住與孩子互動的好機會。

我為什麼這麼說呢？寶貝還在媽媽肚子裡時，媽媽走到哪裡寶貝絕對都是跟著的，但出生之後就成為了獨立的個體，面對每一個新接觸的人以及新環境，都是未知而伸展著自己的觸角去感受的，無論是從醫院到月子中心，或是從醫院或月子中心回到家，寶寶只能感知著領受我們給他的一切。所以我都一再跟媽媽們提醒，「一定要好好的跟寶寶互動、交流、給寶寶介紹環境，把他當成是一個什麼都懂的人。告訴寶寶我們現在要去哪兒，我們到哪裡了！」

另外，還有一件很重要的事，讓每一個新來到寶寶面前的人，都向寶寶做一個自我介紹，告訴寶寶自己為什麼來到他面前，如果這個做自我介紹的人，他是必須碰觸寶寶或是把寶寶抱起來的，請在做自我介紹的時候，把雙手擺在靠近寶寶的臉眼前，讓寶寶感受到善意。這樣寶寶才會有安全感，這也是有助於寶寶更能夠趨向成為情緒穩定的寶寶喔。

那麼當我們帶著寶寶需要更換到不同的環境，隨著場域的切換，我們怎麼跟寶寶互動與對話比較好呢？下面，我一樣舉一些例子和對話方式，提供給媽媽們、家人或是其他的照顧者參考，我們就好好的與寶寶一起經歷吧。

（別忘了！請大家能夠舉一反三自由發揮，從心出發寶寶會感受到您的善意的，因為寶寶安心了，情緒就更穩定囉！）

如果是從生產醫院離開後，是要先去月子中心一些日子、之後才會回家，會切換兩次的場域，媽媽可以這麼做。

這個過程中，無論寶寶是醒著、張著眼睛或是安穩地讓媽媽帶他去哪兒，懷抱寶寶的媽媽們或是其他照顧者，隨坐隨行都可以「輕撫摸著寶寶」（我依然強調，是從真心出發的互動），跟小寶貝說：

「我們來醫院讓醫生伯伯幫忙把你生出來，多棒呀！我們現在能夠相親相愛的在一起了！所以我們謝謝醫生伯伯跟護士阿姨的照顧，我們現在回自己的家囉！」

「我們謝謝醫生伯伯跟護士阿姨的照顧，我們現在要去一個叫月子中心的地方，而且那邊那邊有其他的小朋友，他們是你的同學唷，媽媽跟這些小朋友的媽媽一樣，要去那裡學習更會照顧自己的心肝寶貝。媽媽還是一個新手媽媽，你也要幫忙讓媽媽學會知道怎麼照顧你喔！在月子中心學懂很多你的事情，我們就可以一起回家囉！放心！在那裡我們還是一樣，會相親相愛的在一起。」

如果從醫院離開，接著就是要直接回家的，媽媽們可以這麼做。您可以這麼跟小寶貝說：

「小蘋果，現在可以跟媽媽回家哩，我們要回到小蘋果住在媽媽的肚肚裡面的時候，跟媽媽相親相愛貼緊緊，我們住的那個家。馬上就可以看到在媽媽肚肚裡的時候，我們家是什麼樣子。你記得阿嬤嗎？小蘋果還住在肚肚裡的時候，是不是就常聽到阿嬤跟小蘋果說話，阿嬤現在就在家裡面等我們囉！」

接下來，媽媽要盡量依照孕期帶著自己的閨密，從外面返家的習慣流程，懷抱著小寶寶回家啦。因為寶寶的胎內記憶就是跟著媽媽這樣做的，寶寶是能夠有熟悉感的，所以媽媽要做的，就是一路「喚醒寶寶的熟悉記憶」。雖然寶寶是閉著眼睛在睡，可是卻展開了所有的感知，沐浴在期待回到家的陽光感受裡呢！

我仍然舉個例來說囉。

媽媽跟胎寶寶回家，平時是搭電梯？還是爬樓梯回家等呢？

您在進到家門前，跟寶寶說：

「我們到家樓下了，按電鈴叫阿嬤開門。現在我們要上樓囉，我們搭電梯（走樓梯）到五樓喔。」

當來到自家門口，媽媽拿鑰匙開門，說：「我們拿鑰匙開門，回到家了！是不是跟在媽媽肚肚裡頭都一樣呢？」

進家門後，先抱著小寶貝到客廳坐坐，跟寶寶說：「我們在客廳唷，我們之前有坐在這邊，跟阿公講話、跟阿嬤看電視。」

接著，到餐廳桌子邊也坐一下，跟小寶貝說：「這裡是我們吃飯的地方，阿嬤叫吃飯了，媽媽也跟你說要吃飯了，有沒有記得？我們就在這邊吃飯的唷。」

再到廚房，拿起鍋鏟碰碰鍋子發出鏗鏘聲，或是開一下抽油煙機都可以的，跟小寶貝介紹說：「我們跟爸爸下班，媽媽不是說要幫爸爸煮飯嗎？就是在廚房這邊唷。」

從出醫院到家裡也經過一些時間了，媽媽也差不多該上廁所了，產後的人更要注意「不可以憋尿」喔！這時，就可以抱著寶寶到浴室，先請家人幫著抱一下寶寶，等媽媽坐在馬桶上，再把小寶貝抱過來，說：「媽媽說，要便便、要尿尿、要洗澡了，我們就是在這邊唷！這裡就是浴室，之後每天我們也要幫你在這裡洗澎澎喔。」讓孩子經歷噓噓尿尿的過程，因為那也是寶貝很熟悉的事情，在肚肚裡一天總要上很多次呢！

最後帶寶寶回到房間，把寶寶擁入懷裡，然後兩人一起側躺下來，對著正靠著媽媽肚子的小寶貝，輕柔撫摸著跟寶貝說：「這裡就是我們的房間，是我們睡覺的地方，媽媽是不是都會說：『小蘋果我們要睡覺了。關燈囉！然後還會聽音樂，現在讓爸爸幫我們放音樂好不好，爸爸幫我們放音樂喔！』」這時請放出胎寶寶在肚肚裡，媽媽跟爸爸會常常放給大家一起聽的音樂或者是歌曲。

不論寶寶能不能回應、聽不聽得懂，在我的經驗中，跟寶寶互動、交流，一直都是一件很重要的事情。對我來說，只要從心裡出發，自然的願意去做，這就會是一件很容易的事。而且已經從孕期跟胎閨密就是這麼相處了，當然就會很容易的就隨心而發，能夠很自然的跟小寶貝互動交流起來。請相信我，只要把這一切都經歷著，您一定會有一個越來越穩定的小寶貝，寶寶的眼裡會有光芒，不管有意識無意識的，寶貝的神情總是安穩而愉快的，而且常常會頂起下巴，總是嘮嘮叨叨、咿咿嗚嗚的要跟我們說話，光是用想的都可以感覺到那種滿足跟陽光呢。

2 第一次換尿布就上手

在月子中心時，我就常常看到有媽媽幫寶寶換尿布不得要領，最後惹得寶寶一直哭。她們看到我幫寶寶換尿布，就納悶地問：「奇怪，怎麼你換尿布，寶寶都那麼安靜呢？」

其實嬰兒都是享樂主義者，他們的一切行為，都會充分表現出他們的快樂與不快樂。當我們做的事不符合寶寶的需求，他就會用哭鬧來表現。相對地，如果我們做的事符合寶寶的需求，就很容易讓寶寶來配合我們。所以，我都會教媽媽們「掌握寶寶的身體反應」來換尿布。

比如，當我幫寶寶鋪好尿布後，就會跟他說：「阿姨換布布喔，小乖乖把腿腿伸直。」

說完，我會做「點一點寶貝的膝蓋」這個動作。這時，寶寶就會把腳伸直不動。但其實呢，寶寶這麼做的原因，是出自他膝蓋的反射動作。

接著，我會迅速的把尿布包好、黏上，同時會跟寶寶說：「謝謝你喔！有聽阿姨的話，伸直腿腿咧！穿好了，你可以動囉！乖乖。」這時，寶寶便會開始動了起來。其實呢，這也是運用了「時機的巧合」。但是從表面上看來，就像是寶寶聽我的話一樣。

其實一段時間後（不用太久的時間喔！），寶寶就會很能夠主動地配合了。因為每天要換很多次的尿布，每一次都重複說著一樣的話、做一樣的動作，寶寶是很聰明的呢！他很快就會對得上這個語言跟這個行為了，這就是寶寶從生活互動中得到的學習。（我還是要強調，是在生活中自然的發展，不要因為寶寶沒配合上而有失望的情緒，別給寶寶學習的壓力，快樂的跟寶寶交流互動，讓寶寶能夠自然的領悟吧！

幫寶寶換尿布對新手父母，或是已經很久沒照顧過小寶寶的老人家們，因為不熟悉可能有一些手忙腳亂，不用急！一切很快就會上手了！這裡，我提醒大家一點小細節，您們參考看看……

一、魔術氈撕開後請將「魔術氈往回摺黏好」：

換尿布時，黏貼固定尿布的魔鬼氈撕開後，往往我會回摺把「把魔術氈黏好」。雖然黏貼尿布的魔術氈，我們摸起來是很細緻的，可是對寶寶細嫩的皮膚來說，我會擔心它是粗糙的。我試過去感受寶寶的感覺，很像我們的衣服，頸後的標籤通常比較粗糙，讓我們穿著老不舒服，就是這樣的感覺，所以我會在拆開寶寶穿著的尿布時，把魔鬼氈往回摺疊黏貼，不想讓魔術氈刮到寶寶細嫩的皮膚。

二、尿尿布布與便便布布的不同：

寶寶尿尿了，當拆下濕尿布，利用濕尿布清潔乾燥的部分，把寶寶大腿鼠蹊部縫隙處沾乾，可以直接換上乾淨的尿布，尿尿是無菌的，我們可以不用柔巾擦拭，待乾爽了直接換上尿布即可。

三、**寶寶便便了：**

便便是濕紙巾擦不乾淨的，所以如果寶寶便便了，應該要用水洗的。拆開便便的尿布時，一樣的請記得把魔術氈往回摺黏回去唷！然後在寶寶的屁屁下面，對折髒尿片，讓寶寶的小屁屁能夠在乾淨的一面，一手抱著寶寶、另一手捧著摺疊的髒布布，去浴室洗屁屁吧！

1 一般我們家裡的浴室不會有可以平放處理寶寶的檯子，所以寶寶要洗屁屁的話，請在我們的大床和寶寶的小床上進行，如同我們前面說的，先把尿布拆好，墊在屁股底下，才去浴室洗屁股。

2 在要動寶寶、幫寶寶洗屁屁前，「請先把要用的東西準備好」，像乾淨的尿布、洗屁屁與擦乾的乾濕柔巾、或是準備的小手帕、布巾之類……一般在快速準備東西中，我還會習慣的跟寶寶說：「你臭屁屁囉？阿姨幫你拿東西帶你去洗屁屁。」

3 記得從房間到浴室時，真的要把寶寶的髒布布摺疊起來墊在屁股下面，我這麼說是什麼原因呢？要告訴您們我的一個工作經驗。當我還在醫院工作時，有一家人很著急地送了一對母嬰到急診室，原因是媽媽在房間拆掉了寶寶的髒尿布，就抱著空著屁股的寶寶往浴室去洗屁股，結果寶寶還繼續在便便呢！媽媽沒有看見，就一腳踩到寶寶滑膩膩的便便，仰頭就往前面滑、摔倒了。這位媽媽多麼偉大呀！她不敢把手放開去扶地面，緊緊地把寶寶抱在胸前，所以直接人往後仰，腦勺撞在地上，整個人摔跤了。來到了急診室時，媽媽有輕微的腦震盪，家人也擔心寶寶有沒有摔到？慶幸的是，他被媽媽保護得很好，一點事都沒有。從此之後只要在臨床上，我在教媽媽與家人們怎麼幫寶寶清潔便便的屁股時，我都一定會提醒，把髒的尿布摺疊了，繼續捧在寶寶的屁屁上，一路上他可能還會繼續便便呢！而這一路上也得到媽媽的反饋，真的有時候半路上還在便便呢。

4 如果家裡頭熱水源近，可以直接開水龍頭等溫熱水。但是如果熱水源比較遠，可以準備一個十寸的小盆子，水龍頭接了冷水，再去熱水瓶或飲水機接一點熱水，用溫熱的水幫寶寶洗屁屁。

5 往往幫寶寶洗屁屁時，我會把寶寶懷抱好（我習慣用左手抱），然後用左手掌輕捧著寶寶的左腿，寶寶右腿近屁股側邊是靠在我身前的。我沒有按右腿，但可愛的寶寶會自己自動張開右腿，讓我好好的洗屁股，不會漏掉屁屁髒髒的每一個夾縫位置，寶寶都會幫忙呢！你們也這樣擺位試試看，但是在還不熟悉時，先前一定要有個桌面或床面喔！我怕媽媽還沒熟悉的話，會沒抱好。

6 穿上乾淨的尿布、黏貼魔術沾時，請黏在「尿布薄邊與厚邊的銜接線下面」，不要貼在尿布的很下面，當寶寶彎著腿時，魔術氈的邊很容易讓寶寶覺得扎扎的呢！這也是一個臨床上的經驗，有媽媽打電話給我，不知道孩子為什麼一直煩躁地哭、而且一直蹬腿。結果最後爸爸發現了，原來是阿嬤把尿布交叉黏得太下面，寶寶一彎腿就被魔術氈扎到，調整了尿布魔術氈，寶寶也哭累了秒睡，超級奶爸厲害了！所以，請「平平地沿著尿布上方的圖案邊線，貼上即可」。

7 寶寶的皮膚細嫩又薄，只有我們成年人的三分之一到四分之一，再加上寶寶常常一天可能會要洗屁股蠻多次，所以記得請「輕拍的洗，不要來回摩擦的擦洗」，過多次的摩擦，洗多了，小心寶寶尿布疹紅屁股。

8

我也會在幫寶寶洗屁屁時跟寶寶玩，以下，跟大家分享我的作法：「你臭屁屁囉！是誰臭屁屁了呀！是不是要阿姨給你洗屁屁啦？有沒有跟阿姨說謝謝！阿姨洗蛋蛋左邊，洗蛋蛋右邊，寶寶愛乾淨對不對？放心阿姨會洗得很乾淨，我們開心洗屁屁！」寶寶對這個洗屁屁的遊戲(互動)可是樂此不疲！

四、幫寶寶要換上乾淨的尿布時：

首先必須稍微的抬高寶寶的小屁屁，然後把尿布鋪在寶寶的屁股底下。若爸媽要把尿布放入寶寶的屁屁下面，而必須把寶寶的雙腳提起來的話，請用「數字6」這個阿拉伯數字的提足法。就像我們比出ＯＫ的手勢，大拇指與食指的指尖會相扣，形成一個小圓圈，看起來像6。當我們要提起寶寶的小腳丫時，大拇指跟食指圈住寶寶的一隻小腳踝，同時再用中指環住另一隻腳踝，就可以把寶寶的雙腳抬起囉！請記得，不要把寶寶的雙腿抬得太高，尿布沒有百科全書那麼厚，再加上寶寶換便便常是在用餐後，提太高會讓寶寶容易因此而溢奶，或是因為胃食道逆流而不舒服。

五、請注意，魔鬼氈不要貼得太緊：

寶寶可沒有要穿超人裝呢！一般來說適合的鬆緊度，是換好尿布後，留下可以塞入「兩根手指頭」左右的寬度。

六、最後再次確認：

爸媽用一根手指滑過尿布與寶寶的大腿、鼠蹊部接觸的邊緣，尿布有沒有向內

摺？或者向外摺？有沒有縫隙？寶寶有沒有不舒服？這樣確認也比較不會側漏喔！

七、換下來的髒尿布：

請先前後對摺、再摺兩摺成為捲起的樣子，然後再利用魔鬼氈把髒尿布捲成最小的體積。我總是開玩笑的跟家長說，把尿布捲得像個小元寶，寶寶本來就是給我們帶來財富的，快樂的、付出的、有期盼、有成就、有責任……的各種財富。尿尿或便便會散放毒素，我們久而不聞其臭，可是孩子在成長，細胞還在不停的分裂在發育，所以這些不好的氣體，把它包裹好來吧！我總是這麼做，所以也教家長這麼做。

而且這時媽媽可能也還在坐月子期間呢！五、六個尿布就佔了一個垃圾桶，三不五時可能還要撥一點時間去換垃圾袋，如果包成小元寶，放十幾二十個都不是問題呢！可以等爸爸下班回來再收拾垃圾桶喔！

以上就是我想跟大家分享的尿尿、便便、換尿布的過程！希望能夠對您們有所幫助，請試試一邊參考一邊做，我所提供的方法，相信多做幾次，您們也會越來越得心應手囉。

3 洗男寶屁屁與洗女寶屁屁大不同

我常說，每一個寶寶都是獨立的個體，都有自己的氣質跟個性，但是我也總說讓一切從愛開始的照顧，生活上跟寶寶的互動，都用喜悅玩樂的口氣，配合我們動作說我們在做什麼，就能讓寶寶得到最好的領悟跟學習。幫寶寶洗屁屁跟換尿布，我就覺得就是最快讓寶寶熟悉一件事情的好過程。畢竟一天重複來重複去的要做那麼多次呢！

在這個章節我要說的是，幫男寶寶洗屁屁與幫女寶寶洗屁屁，可是有一些不同的喔。由於男女生生理構造的不同，幫寶寶洗屁股時，當然也有男女之別。

一、**首先，洗屁屁注意別把寶寶的衣服弄濕了：**

這個有兩種做法，一種是把寶寶的紗布衣，在胸前打一個小結，這樣洗屁屁時，衣服就不會鬆落而弄濕。另一種是把寶寶的衣服，在身後旋扭捲起，壓在抱寶寶的手臂膀下面，這樣可以固定著也不容易鬆開，就不會在洗屁屁時容易打濕衣服了，這樣抱著寶寶洗屁屁時，也不會弄濕衣服。

二、幫女寶寶洗屁屁：

有時候我們會見到女寶寶的外陰部有一些分泌物，不要刻意撥開陰唇，企圖要把它洗掉，這是女寶寶小妹妹天然的保護。再者，這部位的皮膚較薄，摩擦多了可能會造成皮膚上的一些小傷口，寶寶排尿會因為尿液的刺激而刺痛，所以幫女寶寶洗屁屁時，可以在水下用手捧著水，輕輕拍洗女寶寶的外陰部，把外層沾到的糞便沖洗掉就可以了。

三、幫男寶寶洗屁屁：

寶寶小小的陰囊常常顯得很飽滿，要注意要「摁乾」小蛋蛋跟腿部皮膚間鼠蹊部皮膚上的水分，摁時稍微「停留一秒鐘」，讓擦巾得以吸乾水分。不需要來回的摩擦唷。小鳥鳥與陰囊的銜接處以及陰囊下方與會陰的夾層，請也要洗到。在洗到寶寶的小鳥鳥時，也可以在水下，輕柔的搓動幾下前端的皮，這樣可以把水帶進去，把小弟弟的小頭頭也小小的清潔到，不用刻意地把皮翻推往後捲喔！

四、帶寶寶外出時：

寶寶吃喝拉撒睡要用到的東西可多了，可攜帶輕巧的乾濕兩用的柔巾，在外不方便洗屁屁時，現在超商或是咖啡店家都很樂意提供熱開水。只要把柔巾沾濕變成溫熱巾，就可以幫寶寶清潔屁屁了。這麼做爸媽們還可以避免用冷冰冰的濕巾，來擦拭寶寶的屁股喔。

洗屁屁步驟

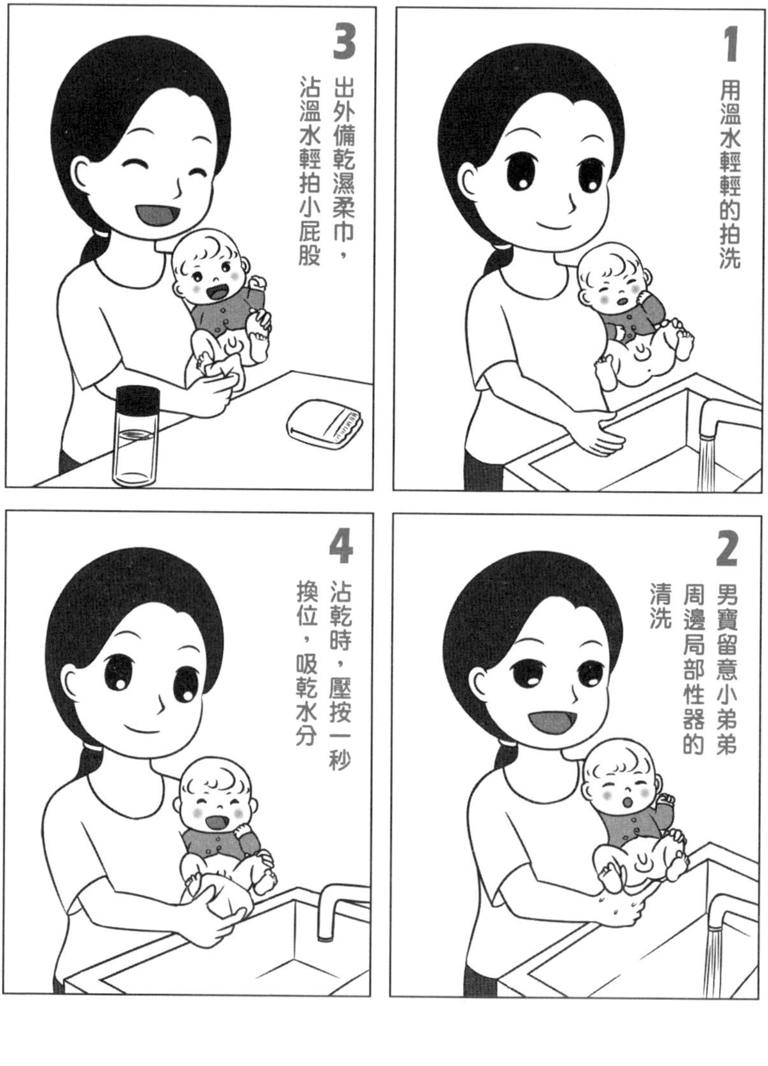
1
用溫水輕輕的拍洗
2
男寶留意小弟弟周邊局部性器的清洗
3
出外備乾濕柔巾，沾溫水輕拍小屁股
4
沾乾時，壓按一秒換位，吸乾水分

4 寶寶換尿布的時間

家裡的寶寶有尿布疹紅屁屁了嗎？我們必須先找出來有可能讓寶寶發生紅屁屁的原因，這樣才能夠從根本上解決問題！

1 若寶寶尿尿了，較悶熱或是較長時間沒換，屁股總是潮濕的，就會容易紅屁股囉；或便便的次數比較多了，因為便便的次數多，洗屁屁的次數也只好跟著變多了，這時就可能引起尿布疹紅屁屁了。

2 要注意勤快地看尿布，「餵奶前後」跟「兩餐之間」都注意一下。如果尿濕了，尿布外面的顯示條會變色，如果便便了，當然就是會聞到味道、看到具體的樣子，或者是間夾著還有寶寶發出飆放屁聲跟排便便的聲音喔！

3 寶寶只要口腔在吸吮吃奶，就會促進腸胃的蠕動，所以寶寶總是在吃的過程或是吃完後便便，這是很常見的事，是很正常的喔。

4 母奶是很好的，吃母奶容易消化，營養也很容易吸收，所以寶寶是不太容易便祕的，就因為消化得好、吸收得好，寶寶一天會便便八次，或是八天便便一次，這都是正常的唷！所以如果寶寶都是吃母奶，不用馬上以為寶寶便祕了而覺得擔心。等一等沒關係的。我有一個母奶寶寶已經快兩週沒便便，去看兒科門診，醫生還是請媽媽回家再等等，結果寶寶過兩天就便便了，依然如瀝青一樣的稀稠稠的，沒有變成羊便便一顆一顆的。

那麼，怎麼預防寶寶的紅屁屁呢？

1 平時就要注意保持乾爽，看有沒有尿濕了？或是便便了？或是有沒有把寶寶悶熱到了？

2 發現寶寶便便的次數變多（超過六次到八次），變成需要常常洗屁股的時候，我們可以在洗過屁屁後，先做一些初期的保養。幫寶寶洗好屁股了，用一些**自然成分的油脂**（初榨冷壓的橄欖油、初榨冷壓的椰子油、嬰兒凡士林、嬰兒護臀膏……），用手指輕點往外、蔓延開來的手法，給肛門附近的小屁屁塗上，形成一層薄薄的保護膜，在寶寶便便時，可以產生一些隔離的作用。記好！真的是要用幾乎忘了它存在的薄薄的一層，塗抹的太厚也會是一種悶濕，保持乾爽能夠透氣是最重要的了，請不要適得其反。

3 也有媽媽問，如果平日也這樣照顧寶寶的小屁屁，是不是可以呢？可以的，請用天然的油脂或是寶寶護膚的屁屁膏，沒有紅屁屁問題的皮膚，請保養就好，不要使用藥物性質的藥膏。

4 請盡量少用濕紙巾擦寶寶的屁屁唷！

5 如果寶寶屁屁已經有一點紅屁屁的樣子了，為了更能保持乾爽，我們可以幫寶寶晒屁屁。

家長們可以在醫院產後或是在月中，就請教護理人員，如果回家後有必要時，我們可以怎麼樣幫寶寶晒屁屁呢？

寶寶紅屁屁（尿布疹）了怎麼辦？以下，我提醒大家一些細節：

1 絕對不可以給寶寶是趴著的晒屁股，這是有危險性的，另外不是為了晒屁股，也是不可以讓寶寶是趴著的。

2 當寶寶比較能夠安穩的睡下時，先幫寶寶如常態的包好尿布，再讓寶寶轉成四十五度角半側躺的姿勢。

3 拿一條包布巾（紗布的、毛巾類的都可以），鬆軟的捲成一條長捲軸，由寶寶上胸前開始，試著讓寶寶雙手舒適的抱著，再把捲軸延伸往下，穿過寶寶的雙腳之間，這時寶寶會像一隻無尾熊，雙手雙腳都抱著這個捲軸。我們要注意的是，寶寶靠近床的手，會比在上端的手顯得比較長，呈現的是半側睡的樣子。

4 我們再把穿過寶寶雙腿之間的捲軸尾端擺在寶寶的小屁屁下面，這時寶寶的臀部會稍稍朝上一點。小心不要把捲軸的尾端包覆寶寶的屁屁上面喔，這更會形成一種悶熱。

5 此時，我們把寶寶尿布靠近上端的魔鬼氈撕開、迴轉往回反摺到屁屁後側邊，然後沿著把尿布側邊的雙層都向外反摺，形成一個自然的、不會黏著屁股的幅度，這樣就會側漏露出寶寶的小屁屁，把寶寶上端的那一隻腿，如我們大人舒服的抱著枕頭那樣，環抱的捲軸，請看一下寶寶肛門，也能展開來讓它透透氣了呢。

6 拿另外一條包布巾，可以捲成與寶寶背部同長度的捲軸放在寶寶身後，用來支撐讓寶寶的背部有依靠，促進寶寶的安穩。

※提醒：無論何時背部的卷軸請都從頸下開始，不可以頂在寶寶的後腦勺，這是有危險性的。

7 把寶寶擺放成這種無尾熊的姿勢，是為了更能夠讓紅屁屁透氣、乾爽、快一點好起來，怕寶寶冷的家長，還是可以在寶寶的身上鬆鬆的蓋一條薄被唷。

8 等寶寶下一餐吃完，又可以安穩地躺下來的時候，我們可以換邊睡另一側，用一樣的方法幫寶寶晒屁股。

當然，爸媽還是要多加留意，如果便便的次數太多，超過到十次了，或是已經有紅屁屁尿布疹越來越嚴重的樣子，還是建議趁早讓寶寶去就醫喔！

晒紅屁屁

讓紅屁股可以夜間透氣

5 寶寶的便便觀察

要知道寶寶的健康情況，透過「便便」是很基本瞭解寶寶健康狀況的重要指標。每個寶寶都有的《兒童健康手冊》裡面，都附有一張「便便卡」，爸爸媽媽們可以對照觀察，多加利用喔。

寶寶的便便，大致可以分成以下幾種：

最初期的時候，寶寶的胎便像柏油一樣，是黑黑色的。之後，黑色會摻雜黃色，那是胎便轉變成成熟便的「過度便」，這個顏色雖然看起來很怪，但是正常的唷。

有時寶寶也會出現「奶瓣便」，就是大便中會有白色的顆粒、小塊狀或者瓣狀物。那是因為寶寶腸胃功能還沒有完全發展健全，以致於有些食物的養分還未完全消化所造成的。但是隨著寶寶的成長，這種情況就會逐漸好轉的。

還有一種顏色的便便也是怪怪的，基本上也是正常的，那就是看起來是綠綠色的，這是寶寶吃的母奶或配方奶中含有較高鐵質，多餘的鐵質被排出來，所以解出綠綠色的便便，通常不是健康方面的問題。如果是稀水的綠色，呈噴射狀，會沉入尿片裡面，不是黏糊的在尿片上，那麼就要注意囉！另外，寶寶大出「噴水便」也要注意。這有可能是奶瓶沒有消毒洗乾淨，寶寶吃到髒東西了，或者是接觸寶寶的人手沒洗乾淨所造成。尤其蛋殼上面有沙門氏菌，這可是寶寶的天敵，若誤食了會造成腹瀉，因此爸媽要注意，摸過蛋之後一定要洗過手，才能接觸寶寶與寶寶的奶品。

另外要注意的是，寶寶的便便中是否有「血絲或是血絲黏液」，如果有的話，尿片不要丟掉，捲好來在外面寫上排出的時間。如果有兩次以上這樣的情形，請就醫由醫師診斷是什麼問題？或是寶寶的便便，逐漸呈現為「灰白色」的便便，或是突然就呈現為「灰白色」的便便，請立即就醫。當寶寶的便便呈現灰白色時，有可能是膽管阻塞造成，或其他不可輕忽的毛病。

爸媽可以參考寶寶健康手冊的「便便卡」，並且多加留意寶寶便便的狀況，有以上特殊的便便出現時，必要時請立刻就醫治療。

6 我們家的寶貝可以不是夜貓子寶寶

我們在第一部時就有提到，寶寶還在媽媽肚子裡的時候，已經隨著外在的動態與靜態而有區分白天與黑夜了，那是因為寶寶在肚子裡時，都是跟著媽媽一起活動和作息。因此，之後寶寶出生了，我們也要繼續讓寶寶感知，曉得白天與夜晚的不同。

有些爸爸媽媽會因為白天寶寶在睡覺，就把窗簾拉上、電視也轉靜音，就怕吵到寶寶，其實並不需要特別這麼做。我在親子教室的課堂中，會開玩笑的跟媽媽爸爸說：「寶寶在肚肚裡的時候，媽媽要趕車、快走、要跑就跑，跟親友聊天，笑多大聲、說多大聲也都沒在意怕會吵到寶寶；揹著的包包袋子就在肚子前面，手機響也沒怕吵到寶寶呀！」

所以寶寶所處的環境，白天的時候就盡量保持光亮，有聲音就是白天的樣子；夜晚九點後，則盡量保持黑暗，進入夜間的狀態。而不是白天時我們把窗簾拉上，把陽光或光線阻擋起來，但是夜晚又燈火通明，這樣做反而會造成寶寶生理時鐘的混淆喔。

寶寶夜間要能夠安穩的睡覺，有一些事情必須得到安慰與滿足。首先，要讓寶寶「身體得到舒適與滿足、內心能夠得到安全與滿足、靈魂能夠得到愛與滿足」，就是身心靈都有得到滿足。

身體得到舒適與滿足

爸爸媽媽要確定寶寶的肚子適時獲得飽足、沒有脹氣的不舒服、屁屁沒有髒髒的尿尿便便、而且沒有被熱到……等等。另外，寶寶穿的衣服也要留意，有沒有會讓寶寶不舒服的衣服線繩打結、扣子、頸後的商標等等。這也是臨床的經驗，家長說寶寶睡不安穩，原來是他們買的紗布衣線繩太粗了，打的蝴蝶結變成一個粗硬的硬塊，頂在寶寶的胸口正好壓到了，這也是超級奶爸發現，媽媽分享告訴我的。（如果還能夠是親餵讓寶寶跑馬拉松，那就更好囉！）

內心能夠得到安全與滿足、靈魂能夠得到愛與滿足

一天下來寶寶有多靠近媽媽，得到媽媽撫摸了嗎？爸爸媽媽、其他家人或照顧者，有在要觸摸寶寶做任何事之前或中間，都有告訴寶寶你要做什麼了嗎？寶寶有得到家人的互動與逗弄了嗎？有人總是愉快地看著寶寶的眼睛跟寶寶聊天了嗎？有人稱讚寶寶今天進步了什麼？學會了什麼了嗎？有人跟寶寶相親相愛抱緊緊說愛他了嗎？這些的一點點一滴滴，都是讓寶寶在「心、靈魂」的部分，能夠得到很大的安穩、安全與滿足。

跟生理時鐘有關係的松果體

我們的大腦中有個叫做松果體的腺體，這腺體會分泌寶寶天然安眠藥褪黑激素，也是生理時鐘能啟動的調節中樞。它會在黑暗中分泌褪黑激素，基本上大約夜間七點鐘開始逐漸分泌。慢慢的到了晚上九點會大量的分泌，而在夜間十一點達到分泌的最高點。因此，平常如果我們讓寶寶的身心靈都能得到適切的舒適，各種滿足感、安全感、與溫暖跟被人愛……的感受，當進入了夜間的睡眠模式，

寶寶其實蠻容易是安穩的。

- 提醒一：白天時，我們可以是打開窗，讓寶寶接觸陽光，小小的晒晒太陽，鈣質要吸收靠維他命D，維生素D在陽光裡。即使寶寶在熟睡的時候，也可以多跟寶寶說說話，也可以偶爾摸摸他的屁股、大腿等等身體部位。這樣寶寶既能感受到你的愛意，又能讓寶寶白天的睡眠，是保持比較「偶爾微微有點感知的狀態」。這樣一來，寶寶深眠的額度就比較可能留給夜晚囉。
- 提醒二：請不要讓寶寶晒到有溫度的熱陽。

再來，晚上九點鐘以後，就要讓寶寶處在「比較昏暗的環境」。我們要在寶寶身邊做什麼事，請都不要開光亮亮的大燈，就算需要照明，也只用不會照到寶寶眼睛，微弱、可辨識環境的光線即可。寶寶的眼睛有追光反射，因此不論是陽光或者燈光，都要留意不要直接照射到寶寶的眼睛，光線中的有害光——藍光會對寶寶的眼睛有光害，給寶寶晒溫柔的太陽時，也請不要讓寶寶的眼睛直視太陽照射的方向。

※寶寶床頭眼睛對著屋頂的位置，請不要有頂燈、聚光點直接照著寶寶的臉、眼睛，寶寶眼睛的水晶體比較輕透，頂燈會像演唱會的聚光燈一樣，讓寶寶不舒適、刺眼而煩躁。

另外，寶寶的夜間餵食（大約九點後），爸爸媽媽也先要評估估算好「寶寶可能大約幾點要吃奶」。

在九點後夜間睡眠的時間裡，爸媽可以在寶寶吃奶時間到之前不久，就先一步把親餵的前置，或餵奶會用的器具都準備好。餵奶時，不用非要想辦法讓寶寶張開眼醒過來才餵，寶寶就算閉著眼睛，還睡著覺，肚子已經餓了，不用醒來也是會吸吮吃奶的喔！而我們就是要利用這個寶寶邊睡邊吃，讓寶寶在比較大了以後，能夠逐漸延長而睡過夜，在夜間不吃奶了。

我們只要能看得見房間的設備，輕柔的撫摸寶寶，跟寶寶說：「你睡香香呀！餓了吧？媽媽抱你起來吃飯囉！你繼續睡不用醒來唷！」

然後看是親餵或者是瓶餵，都是朝著寶寶的飢餓反射位置輕輕的碰觸到、點到，寶寶是已經餓著的，就會主動張開嘴巴含住，啟動一邊吃一邊睡的本事囉。

寶寶在吃奶中（嬰兒主導式餵食）或吃完後，我們記得：一樣需要「拍背打嗝」。而這時在夜裡的拍背打嗝，動作可以輕巧一點，說話聲也比白天輕柔一些，把認真振奮精神的拍背打嗝，留在白天吧！

這樣的過程，寶寶基本上多數不會醒來，吃滿足了就會繼續睡。如果可以有這樣連續的七到十天，寶寶就會產生依賴，知道晚上不用自己負責醒來用哭哭話跟照顧者說肚子餓要吃奶了，寶寶會習慣時候到了，自然有人會餵他，這樣寶寶就會習慣性的安穩、好好的睡覺了。

我分享的這個方法，其實就是「滿足了寶寶的生理需求」。包括：睡眠的需求、飢餓的需求、身體清潔的需求，以及對環境感覺的需求。寶寶只要滿足了，就容易有連續的睡眠。只要寶寶可以有連續大約十一個小時睡眠的話，那麼寶寶早上起床時，都會安穩的像天使醒來了一樣，是一個情緒安穩的寶寶喔。而且我們都知道，也常說嬰兒都是在睡眠中養腦的，睡得好，腦部就會發育得更好。

最後，我還有兩點要提醒爸爸媽媽。

寶寶有睡眠週期，在淺眠與深眠的轉換期，會發出一些類似掙扎的聲音，甚至會哭個幾聲，或是會有扭動。此時，爸媽先不要去動他，只要在旁邊看著、觀察聽著，或是出點語聲跟寶寶說：

「媽媽在這裡喔，你繼續睡，睡覺要靠自己，等一下要吃飯飯了媽媽會叫你。」寶寶聽到了熟悉的照顧者的聲音，就極大的可能又會安穩下來，沉沉地繼續睡眠了。

另外，寶寶在深眠時，很常會睡到整個人很放鬆，而頭部往後仰躺到後腦勺整個往後，甚至整個頭臉是上仰的，當寶寶由深眠轉淺眠時，寶寶脖子的力量可能還不足以把頭從仰著的收回來，這時，就比較可能會出現較長一點時間的在哭。我還是建議爸媽「先不要急著要抱起來，可以先跟寶寶互動對對話」。

我們可以跟寶寶說：「你這個位置睡累啦？那媽媽幫你換邊喔。」然後幫寶寶把頭扶正，或是輕柔地轉換到另一側睡，幫寶寶重新調整和擺位。

再撫摸撫摸寶寶的頭、耳朵、跟剛才睡覺中一直壓著的位置、背也是可以摸一摸、順一順背部，跟寶寶說：「繼續睡唷！睡覺要靠自己，等一下肚子餓要吃飯了，再跟媽媽說。」

（怎麼跟媽媽說呢？當然就是哭哭話啦！）

通常爸媽這麼跟寶寶互動之後，寶寶就又繼續睡了，而且睡得很香。

我在第一部就有建議過，媽媽在胎內時就培養好作息，也有利於寶寶出生後延續這個作息。比如：晚上九點鐘爸爸媽媽就聽音樂、進行上床睡覺的儀式，營造睡眠環境。這樣不僅胎內的寶寶受用，寶寶出生後也會延續下去喔。

我們在前文提到的那個「每天晚上九點鐘一直哭鬧到十二點」，一直找不出哭鬧原因的寶寶，他還在媽媽肚子裡的時候，每天晚上九點到十二點都是爸爸媽媽在玩線上電玩的時間，也就是正在打仗的時間，才造成了他出生後，這段時間都很難安靜下來了。

所以說，想要寶寶有好的作息，爸媽也要一起加入才行喔。

7 寶寶的臍帶護理

一般媽媽從月子中心回到家中時，寶寶的肚臍應該都已經脫落了。即便如此，爸媽仍須留意寶寶肚臍的狀況，以及做好清潔消毒。

那麼，爸媽幫寶寶清潔肚臍，有時間上的限制嗎？可以洗澡時一起進行嗎？清潔寶寶的肚臍有一個最好的時間，是「每天幫寶寶洗澡前」。

爸媽在幫寶寶洗澡前，先低頭「聞一下他的肚臍」，若有異味，便是肚臍發出警訊囉。這時，爸媽就要注意了。因為肚臍發炎的初期，都是從「有異味」開始的。倒是肚臍若是出現淡黃色的分泌物或者滲血的情形，則是可以接受的範圍。會有這些情形，是因為臍帶剛脫落，傷口尚未完全癒合的關係。

那麼，居家的寶寶臍帶護理，我們該怎麼做才好呢？以下，我將說明幫寶寶消毒肚臍要準備的用具，以及步驟方法。

1 清潔用具，請準備：消毒棉棒、濃度75％酒精，與濃度95％的酒精消毒。
2 注意，爸媽在幫寶寶消毒肚臍前，一定要先把手洗乾淨。
3 開始清潔前，務必告訴寶寶：「媽媽要幫寶貝清潔肚臍喔。」
4 用棉棒沾取濃度75％的酒精消毒。
5 另一隻手用拇指與食指輕撥開寶寶的肚臍。
6 把棉棒以畫圓的方式清潔肚臍，由內而外慢慢的消毒肚臍根部。
7 重複清潔幾次，直到棉棒乾淨為止。
8 最後用消毒棉棒沾取濃度95％的酒精輕擦拭肚臍，幫助乾燥。

臍未掉，一天兩至三次。掉了的初期兩天起碼一次。沐浴後，一定要臍帶護理消毒。能夠依照我上述的方法，每天至少幫寶寶清潔一次肚臍的話，應該就不致於會造成肚臍發炎。萬一發現寶寶的肚臍周圍「有異味或發紅了」，那麼寶寶可能是受到細菌感染，請勤快消毒、乾燥。有必要時，請返回醫院診視。

8 幫小寶寶刷牙

有些家長或照顧者覺得寶寶還沒有長牙齒，所以不需要特別刷牙。寶寶雖然沒有牙齒，但是吸奶或者是溢奶的時候，仍不免會有奶汁或奶渣留在口腔中。因此，就算寶寶沒有牙齒，我們每天仍需要幫寶寶刷牙（口腔護理）喔。

嬰兒的初期，因為腸胃的發育尚未成熟，所以有蠻大百分比的寶寶，多多少少會有溢奶的情形，而且當寶寶溢奶、溢出的是「奶渣」時，表示奶已經進入到胃部，與胃酸結合，產生凝結，溢出如豆腐渣的碎塊狀，或是還夾雜有膠水狀的黏液，是帶有一股酸氣的奶渣。這樣酸液的奶渣殘留在寶寶的口中，口腔的黏膜容易被侵蝕，就可能有霉菌或念珠球菌感染，嚴重的話就會形成鵝口瘡喔。

所以，幫寶寶刷牙基本上的時機跟臍帶護理一樣：早起餐後過一個多小時，以及洗浴做整體的清潔時，都應該幫寶寶刷牙（做一個口腔護理）。

需要準備的用具，則有：

1 專用於嬰兒清潔口腔的棉花棒

2 市售的二乘二的棉紗小紗布＋棉花棒

3 裝溫開水的奶瓶蓋或小碗

※ 一樣要記得先洗乾淨雙手唷！跟寶寶刷牙互動也是氛圍營造，輕鬆像跟寶寶在玩的過程，也會讓寶寶快樂刷牙喔。

先在奶瓶蓋或小碗裡裝一些溫開水。把小紗布塊展開包住棉花棒後，或專用的嬰兒清潔口腔棉花棒沾溫水，先放在寶寶的「舌頭上」。寶寶的吸吮反射會讓舌頭舔動，讓舌頭在紗布上磨個兩、三下，清潔舌頭表面上的奶渣與舌苔，就會得到清潔，注意不要深入到舌根，容易引起寶寶的噁心反射。

接著，要清潔寶寶的牙床了。從寶寶的嘴角，臉頰內牙齦邊輕緩的延伸到內頰部，環狀牙床由左而右，由上而下輕輕擦拭寶寶的牙齦、雙頰內側牙床，也可以順便檢視口腔內部的情形。

這樣就幫寶寶刷好牙（做完口腔護理）囉。

家長或照顧者要建立寶寶每天必須刷牙的習慣，而不是等到寶寶長牙了，才開始幫寶寶刷牙，不僅能讓寶寶建立做刷牙（口腔清潔）的好習慣，也是從家庭得到的經驗，讓寶寶從嬰兒期就有刷牙的習慣、知道要刷牙。到稍大幼兒時期，比較容易接受學習要用小牙刷、每天要刷牙這件事。

幫助寶寶牙齒健康，照顧者要好好幫忙寶寶刷牙。開始長牙齒了，要安排時間帶寶寶去牙科塗氟唷！

關於寶寶的口腔清潔

會說刷牙，是我平常幫寶寶做口腔護理清潔時，就是這麼跟寶寶說的，「大眼妹乖乖唷！阿姨要幫妳刷牙囉！」從嬰兒初期用棉花棒跟紗布清潔口腔，長牙前期用按摩方式的清潔口腔，到後來寶寶真的可以拿著小牙刷刷牙了，會比較容易接受要刷牙這件事。

寶寶刷牙步驟

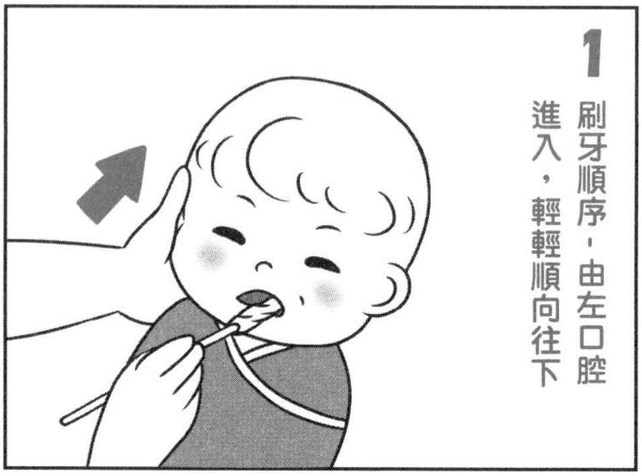
1
刷牙順序，由左口腔
進入，輕輕順向往下

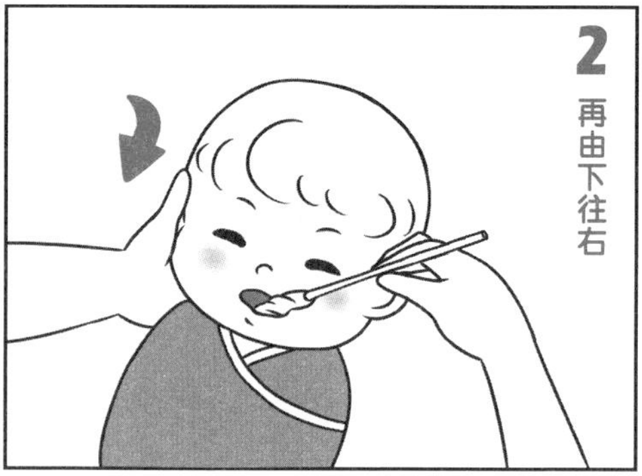
2
再由下往右

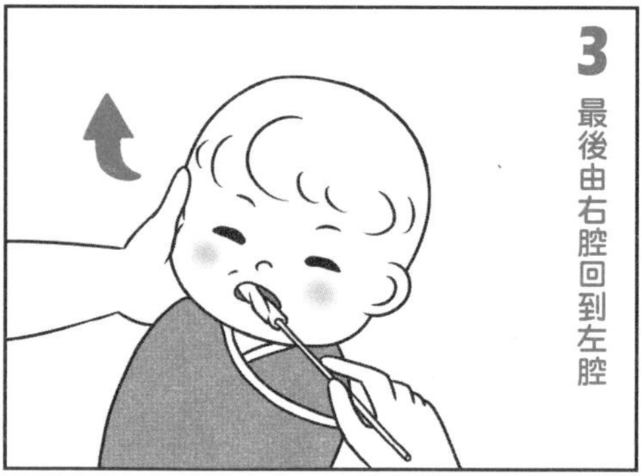
3
最後由右腔回到左腔

9 新生寶寶的小知識：血腫、產瘤與黃疸

寶寶出生時經過產道的擠壓，或是其他成因的關係，可能會造成寶寶的頭部有產瘤或血腫。這樣的產瘤或血腫，大多會隨著時間，自然被身體吸收或鈣化，我們不用太擔心。如果有特殊的疑慮變化，可以帶寶寶到醫院給醫師診視。

平常請不要常常去觸摸、按摩……等等，只要保持觀察就好。

我曾經有一位顧問月子期的家庭，家中有聘請月嫂幫忙，竟然幫寶寶的血腫還是產瘤（都是電話聯絡，所以沒看到）。熱敷、揉摸按摩，期間還告訴家長，有幫寶寶頭部的腫塊變得柔軟了。後來，家長覺得寶寶頭部的血腫還是腫瘤，感覺不太對來電詢問，我便建議媽媽跟家人為了安全起見，還是帶寶寶去給醫生診視。之後媽媽再來電話告知，寶寶的腫塊裡面已是有膿的狀態了，經過醫療處置才痊癒了。

「生理性黃疸」是新生兒常見的狀況，一般在寶寶出生的第二到第三天逐漸呈現，約在四到五天達到高峰期，七至十四天內逐漸消退。新生寶寶在醫院與月中，會有護理人員監控黃疸變化的情形，但是也有可能寶寶是跟我們從產院回到家裡之後，才出現黃疸。往往醫院也會安排寶寶回診監測黃疸值。

如果居家中，家長或照顧者觀察發現，寶寶的眼白與皮膚（從臉部開始逐漸延展到軀幹）。顏色越來越黃，而且大便的顏色逐漸變白，小便顏色卻變深，甚至像較深的茶色，就有必要提早返回醫院，檢查黃疸的變化了。

「母乳性黃疸」跟哺餵母奶相關的黃疸

除了生理性黃疸，母乳性黃疸也很常發生。

1 哺餵母乳，奶量還不夠充足，影響而造成的黃疸，多數發生在一至兩週大的寶寶，醫生會看情形給出適當的建議，多數會建議增加餵寶寶的次數，或考慮添加部分的配方奶，通常情況就會有所改善。

2 也有建議是暫停母乳，先全部餵配方奶，直到黃疸指數恢復正常。我個人是比較贊成第一項的方法。

3 母乳性黃疸通常是臉部及軀幹有黃疸現象，往往可能會消退的比較緩慢，對寶寶不會有任何不良的影響，也不用做任何治療，媽媽更不需要停止哺餵母乳，黃疸會較緩慢、但自然消退。

4 也有家長因為會擔心，問：「真的不用擔心嗎？會不會有後遺症？」如果沒有其他的疾病因素，是單純的母乳性黃疸，是不用擔心的。

10 寶寶是熱了，還是冷了？

當媽媽和寶寶在生產醫院或月中時，醫護人員會把控寶寶的體溫調節。但是，等回到自己的家裡，很多媽媽反而會無法拿捏、確定寶寶當下是冷了、還是熱到了。

我在前文裡，也不斷提及「寶寶是比較怕熱，而不怕冷的」。那麼，寶寶究竟是冷到了？還是被熱到了呢？爸媽要怎麼判斷？以下，提供幾個從寶寶的外觀上就可以觀察到的徵象，提供給家長們及照顧者參考喔！

寶寶熱到時，會有以下這些徵象

嬰兒的體溫調節功能不是很好，肢體末端，手腳的溫度低，顯得有些涼涼的很正常。

1 最明顯的是，寶寶的頸脖、背部及前身、腋下、皺摺處……因為冒汗、摸起來是汗淋淋的。

2 寶寶因為太熱，會顯得煩躁而容易哭鬧、煩躁、躁動、影響進食。

3 臉上及軀幹容易長疹子：即一般所謂的「熱疹」。

4 呼吸時，會發出有些像「豬仔發出的聲音」，臨床上我們也常說，豬鼻子是寶寶被熱到的症狀，不是病。

5 臉紅腳冷。寶寶是藉由頭部調節體溫的，感覺較熱時，臉部會顯得紅通通，而離心臟較遠的足部就顯得涼涼的了。往往老人家會覺得寶寶腳涼涼的，一定是冷到了，就要求給寶寶加衣服。

6 寶寶脖子比較短，脖子的皺摺處呈現粉紅色：是因為寶寶較常在泌汗，皺摺夾層細嫩的皮膚受到了汗液的刺激。

7 小舌頭上的舌苔比較容易積結得較厚。

8 眼睛可能出現牽絲微透明的分泌物，也有可能是鼻淚管阻塞。看醫生時，醫生也總會交代，讓寶寶涼快、清爽一點。

9 過熱也比較容易紅屁股：寶寶便便、尿尿悶久了，比較潮濕下身及屁屁悶熱所導致。

10 一直悶熱甚至會有中暑的症狀。寶寶的額頭、頭頂、耳朵的皮膚亦會出現異位性皮膚炎，厚厚的硬痂皮層：寶寶會覺得癢（尤其夜裡），皮膚會顯得比較乾，甚至是脫皮屑現象。有些寶寶也開始長濕疹。我們都有潛在的過敏體質，若常常被熱到，就比較容易引發。

寶寶冷到時，是什麼樣子呢？

先評估環境的溫度，與寶寶的衣著保暖的適切度。

1 臉色顯得比較白蒼蒼的，寶寶比較安靜，不太活動。

2 鼻頭鼻頭會比較紅紅的，但是摸起來卻是冰涼涼的。

3 手腳都比較冰冷。

一般而言，因為台灣地屬亞熱帶，即便是冬天，氣溫就算涼，也不會太過寒冷。因此，寶寶通常不太容易冷到，倒是熱到的機率比較高喔！所以，爸媽和家人們要多多留意，別讓寶寶熱到了喔！

11 寶寶進食的語言：吃飯vs吃奶

媽媽從第一篇看到這裡，應該有發現，寶寶吃奶我幾乎都說是「吃飯」，跟寶寶互動時，也是說「吃飯」。我很建議家長們或照顧者，願意的話也這麼說。打從寶寶還在胎內時，媽媽跟周圍的人問候交流，總會提到吃飯，所以就是順著這個語言，跟胎寶寶也是用「吃飯」來做進食溝通。

孕中的媽媽在飯後血糖會上升，會帶給寶寶愉快的滿足感。若媽媽吃飯前，有跟胎寶寶交流，說：「我們要吃飯飯了！」寶寶出生後，照顧者們要餵食的時候說，「乖乖你餓了，媽媽餵你吃飯飯。」逐漸地會讓寶寶把「飢餓的感覺」和「吃飯」連結起來。嬰兒吃的是奶飯飯，寶寶不用二度轉學習。

寶寶出生之後，我們總是說：「寶貝餓了，我們吃ㄋㄟㄋㄟ了！」寶寶就會把飢餓的感覺與「吃ㄋㄟㄋㄟ」連結起來，肚子餓了就要吃ㄋㄟㄋㄟ，這可是印象深刻很重要的事情呢！

漸漸地寶寶長大了，開始吃副食，延續到後來的吃粥、吃飯，我們又改口說：「寶貝，我們來吃飯了！」這時，寶寶就需要「轉學習」，因為他一時之間，還無法把飢餓需求的感覺，與「吃飯」產生連結。於是，你就很可能會有一個畫面：家長們或照顧者，拿著半碗食物，跟著孩子後面滿屋子遊走。因為寶寶不僅要重新連結「吃飯」跟他肚子餓的關係，還可能先學到了一個「吃飯」與「追趕跑跳碰」這個新遊戲的連結呢！

所以，如果媽媽打從寶寶還在肚肚裡時，就習慣對胎寶寶說：「我們來吃飯了！」寶寶出生後肚子餓，媽媽餵奶時，也跟寶寶說：「寶貝餓了，媽媽來餵寶寶吃飯飯。」每天總是如此的重複表達著，寶寶就比較能把肚子餓的感覺與「吃飯」連結起來，並且意會、瞭解到「吃飯」這件事情，對解決餓肚子能「吃飽」的重要性。即使之後，轉換成用副食品、主食的時候，寶寶基本不用轉學習，自然而然就領悟「吃飯」的意思了。

我們可以看好「吃飯」這兩個字，對於寶寶進食的溝通力。用這樣的方式，是一種容易讓寶寶「融入家庭」、「直觀自己是家庭中的一個成員」的感受。家人常常說吃飯啊！爸媽要吃飯，阿公阿嬤也是要吃飯；只是目前寶寶吃的飯是一瓶奶。從這麼多年，寶寶對於「吃飯」的領悟與感受中，我強力推薦給爸爸媽媽、家長及照顧者們。

12 奶瓶消毒鍋的小提醒

我們家中是用什麼方式幫寶貝的奶瓶做消毒的呢？

一般有嬰幼兒的家庭，基本都會準備奶瓶消毒鍋，各種型態的消毒方式都有（例如：煮沸、消毒加烘乾、紫外線……等等）。不過，使用奶瓶消毒鍋也有一些需要特別注意的事項，要請使用者們留意。

就原則上而言，煮沸最好，而奶瓶消毒鍋鍋，是最普遍被應用的。除了具備消毒功能外，奶瓶消毒鍋大多也有「烘乾」的功能；往往奶瓶消毒鍋外面的底部，有一個吸風口，會吸風進去行使烘乾奶瓶的功能，所以翻看消毒鍋的底部，會看到一個圓形或方形有防塵蓋的吸風片裝置。這裡經常會被忽略，使用了一段時間，請記得要做「吸風口的清潔」。多數家庭會把奶瓶消毒鍋放在廚房或是飯廳，偶爾會有小蟑螂隱身在風口吸風過濾網片上，或是久沒清理，風口有油煙黏膩的情形，過濾網片上，沾黏了很多個很小顆的黑點，那是小蟑螂的便便。所以，清潔奶瓶消毒鍋時，請把吸風口濾網片與吸風口蓋子也清理一下喔！

除了吸風口濾網片跟蓋子外，奶瓶消毒鍋底的「水盤」也是要常清洗的。水盤下方，因為常常是潮濕的，用久沒有清潔，會變得黏膩甚至發霉，記得也要清洗。濾網片跟水盤忽略了沒有清潔，是我到家庭做家訪時，偶爾會看到的狀況。

另外，如果奶瓶沒有馬上要洗的話，最好當下先把餘奶沖洗一下，否則擺久乾掉的奶垢，一稍不注意，就不容易洗乾淨了。

另外，「紫外線消毒鍋」也是注意事項。

家庭使用的是紫外線消毒鍋時，在有明亮光線的地方使用，會降低紫外線的消毒功能，多數可以在半夜，我們關燈要睡覺的時候使用。

用紫外線消毒鍋，奶瓶嘴頭的膠質，會因為使用紫外線消毒，顏色變白、變質，基本上使用紫外線消毒，大約兩至三個月，奶嘴頭就要主動更換；或是奶嘴稍微有些變白或是霧霧的，我們就主動更換奶嘴囉！

若家裡是用傳統的「煮沸消毒法」的方式來消毒奶瓶的話，玻璃奶瓶可以從冷水時，就放進鍋子裡，鍋內的水量必須蓋過奶瓶，開火的同時一起煮沸。待水沸騰煮滾後，先關閉火源，再放入塑膠類的奶瓶、奶嘴及奶蓋等，放入滾沸過的熱水中，一樣要全部被浸泡到。待三至五分鐘後，達到煮沸的消毒效果。待滾沸水較冷卻後，再將煮沸消毒完全的器具，放置於乾淨有蓋的容器內，瀝水乾燥備用。

有時候家長洗消奶瓶來不及，會趕快把還沒消毒的奶瓶用熱水燙過，就應急拿來使用。記好！是應急才使用這個方式清潔奶瓶。為了安全起見，還是洗乾淨後用消毒的方法唷！

後記

心肝寶貝給爸爸媽媽的一封信

無論這本書您看了多少，都謝謝您手上曾經拿著這本書。我是一個護理工作者，而且是一個沒什麼文筆才華的人，會下定決心完成了這本書，是希望藉由我真心的呈現，把寶寶的心意傳達給寶寶親愛的媽媽爸爸。

我在產後機構工作了那麼久，接觸了各種型態的母嬰相處。我給那些總是把寶寶留在房間，與寶寶共處的媽媽拍拍手，互動交流中媽媽會告訴我，「反正女兒（兒子）多數時間也是在睡覺，應該要吃了，我也方便餵。是因為寶寶有別的需要所以哭了，我也才有機會多觀察，免得回家都不知道他要什麼！」太棒了！我給有這種想法的媽媽拍拍手。

月中的育養生態是，寶寶在嬰兒室裡被照顧，一天裡，偶爾有一、兩餐會推到房中餵食。當然，也有一天能進房餵食到三、四餐的。有些媽媽則因為個人的需要或其他的原因，讓孩子到媽媽房間的時間，很少。我看著親子同室的紀錄，在兩、三天裡，總共留在父母住房中的時間，才兩到四個小時，親子依附的時間少得讓我心疼寶寶。寶寶總是待在嬰兒室裡，由護士阿姨們照顧著，與媽媽能靠近、相處的時間，實在好少、好短暫啊！

所以，我去住房巡視關懷媽媽時，我會用開玩笑的口氣跟媽媽說：「我在課堂上跟學生講課的時候會說，還好手機不會長大，不然比寶寶長得還好呢！（花在手機上的時間比看寶寶還多呢）。」

我必須說，以上這些詞句，我是很忐忑的、很擔心會讓一些家長覺得不好聽，會不高興。但是我真的很想替寶寶說，「爸爸、媽媽我來給你們當小孩，希望多多能夠跟您們在一起。」

另外，我也代替寶寶錄製了「心肝寶貝寫給爸爸媽媽的一封信」，獻給所有的辛苦的爸爸媽媽們。

懇請您在聆聽之前，能花點時間，先把以下這段文字看完。

這是一封我誠意走進寶寶的心靈中，感覺寶寶的請託，幫忙寫給媽媽、爸爸的信。請您們在掃 QR code 聆聽之前，準備一下環境。

首先，拉上窗簾把燈關暗，確認孩子是否在安睡中，或者是由家人暫時交待照顧呢？夫妻倆好好地躺下來，深呼吸，閉上眼睛、再深呼吸，頭頸肩膀都放鬆，放鬆您的全身。請感覺接下來是孩子在對您說話，並請用孩子的眼光與感受，體會我們的孩子剛來到這個世上。在陌生的環境中，想告訴您，孩子心裡的期盼與渴望吧！

準備好後，請按鍵，聆聽……

親愛的媽媽、爸爸，我用心靈陪著您們家的寶寶，感受著寶寶的感受，我也愛你們！

掃我！聆聽

CARE

Good Care ,
Good Living

CARE

Good Care ,
Good Living